U0275306

产业发展与环境治理研究论丛

环境圆桌对话：探索和实践

王华　著

商务印书馆
The Commercial Press
创于1897

2018年·北京

图书在版编目（CIP）数据

环境圆桌对话：探索和实践 / 王华著. — 北京：
商务印书馆，2018
ISBN 978-7-100-16164-0

I. ①环… II. ①王… III. ①生态环境—研究—中国
IV. ①X321.2

中国版本图书馆CIP数据核字（2018）第111915号

（产业发展与环境治理研究论丛）

环境圆桌对话：探索和实践

王华　著

商　务　印　书　馆　出　版
（北京王府井大街36号　邮政编码 100710）
商　务　印　书　馆　发　行
三 河 市 尚 艺 印 装 有 限 公 司 印 刷
ISBN 978 - 7 - 100 - 16164 - 0

2018年6月第1版　　　开本 710×1000　1/16
2018年6月第1次印刷　　印张 14　3/4

定价：45.00元

CIDEG 研究论丛编委会

总　序

作为"产业发展与环境治理研究论丛"的主编，我们首先要说明编撰这套丛书的来龙去脉。这套丛书是清华大学产业发展与环境治理研究中心（Center for Industrial Development and Environmental Governance，CIDEG）的标志性出版物。这个中心成立于 2005 年 9 月，得到了日本丰田汽车公司的资金支持。

在清华大学公共管理学院设立这样一个公共政策研究中心主要是基于以下思考：由于全球化和技术进步，世界变得越来越复杂，很多问题，比如能源、环境、健康等，不光局限在相应的科学领域，还需要其他学科的研究者参与进来，比如经济学、政治学、法学以及工程研究等，进行跨学科的研究。参加者不应仅仅来自学术机构和学校，也应有政府和企业。我们需要不同学科学者相互对话的平台。而 CIDEG 正好可以发挥这种平台作用。CIDEG 的目标是致力于在中国转型过程中以"制度变革与协调发展"、"资源与能源约束下的可持续发展"和"产业组织、监管及政策"为重点开展研究活动，为的是提高中国公共政策与治理研究与教育水平，促进学术界、产业界、非政府组织及政府部门之间的沟通、学习和协调。

中国的改革开放已经有 30 多年的历程，它所取得的成就令世人瞩目，为全世界的经济增长贡献了力量。但是，近年来，中国经济发展也面临着诸多挑战：如资源约束和环境制约；腐败对经济发展造成的危害；改革滞后的金融服务体系；自主创新能力与科技全球化的矛盾，以及为构建一个和谐社会所必须面对的来自教育、环境、社会保障和医疗卫生等方面的冲突。这些挑战和冲突正是 CIDEG 开展的重点研究方向。

为此，CIDEG 专门设立了重大研究项目，邀请相关领域的知名专家和学者担任项目负责人，并提供相对充裕的资金和条件，鼓励研究者对这些问题进行深入细致、独立客观的原创性研究。CIDEG 期望这些研究是本着自由和严谨的学术精神，对当前重大的政策问题和理论问题给出有价值和独特视角的回答。

CIDEG 理事会和学术委员会设立联席会议，对重大研究项目的选题和立项进行严格筛选，并认真评议研究成果的理论价值和实践意义。本丛书编委会亦由 CIDEG 理事和学术委员组成。我们会陆续选择适当的重大项目成果编入论丛。为此，我们感谢提供选题的 CIDEG 理事和学术委员，以及入选书籍的作者、评委和编辑们。

目前，"产业发展与环境治理研究论丛"已经出版的专著包括《中国车用能源战略研究》、《城镇化过程中的环境政策实践：日本的经验教训》、《中国土地制度改革：难点、突破与政策组合》、《中国县级财政研究：1994—2006》、《寻租与中国产业发展》、《中国环境监管体制研究》、《中国生产者服务业发展与制造业升级》、《中国应对全球气候变化》、《构建全面健康社会》等。这些专著国际化的视野、独特的视角、深入扎实的研究、跨学科的研究方法、规范的实证分析等，得到了广大专业读者的好评，对传播产业发展、环境治理和制度变迁等方面的重要研究成果起到了很好的作用。我们相信，随着"产业发展与环境治理研究论丛"中更多著作的出版，CIDEG 能够为广大专业读者提供更多、更好的启发，也能够为中国公共政策的科学化和民主化做出贡献。

产业发展与环境治理研究中心主任

清华大学公共管理学院院长

2014 年 5 月

前 言*

　　自 2000 年起，作者相继在中国的若干个省、市、自治区探索建立和应用
利益相关者环境圆桌对话制度，以推动政府和企业改进它们的环境表现，并有
效地预防和化解由环境问题引起的社会矛盾。第一阶段的探索始于 2000 年止
于 2005 年，以乡镇企业污染控制报告会的形式建立和实施。报告会由市、县
环保局牵头组织，乡镇领导、辖区内主要污染企业、居民和社会代表参加，让
企业和居民面对面，了解企业的污染控制状况和老百姓的需求，讨论污染控制
改善措施，由企业和政府给出承诺，从而改进环境表现。这一阶段的探索在
2000 年从江苏的丹阳、天津开发区、贵州六盘水的九个乡镇开始，继而在江苏
的丹阳和阜宁尝试常规化，由江苏省环境保护厅在江苏全省倡导推广。第二阶
段的探索始于 2005 年止于 2011 年，形式由乡镇企业污染控制报告会改进为以
社区环境圆桌对话的形式建立和实施。圆桌对话由居委会或环保社会组织、政
府相关部门组织，由对话议题相关的政府部门、企业单位、居民、社会组织、
专家学者、媒体等机构和人员的代表参加，就对话议题进行信息交流、对话协
商、形成决议。这一阶段的探索在江苏省环境保护厅、重庆市社会科学研究
院、环境保护部宣传教育中心的推动下，在江苏、重庆、浙江、河北、辽宁、
内蒙古等地三十多个城市的社区中组织开展了各种类型的社区环境圆桌对话，
并形成了几种可行、有效、可推广的操作模式。目前，利益相关者圆桌对话，
作为一种社会治理手段，正被广泛地应用于我国的环境矛盾及其他社区矛盾的
预防和化解之中。

　　本书系统地总结了环境圆桌对话在我国的探索实践和研究情况，介绍了

---

　　* 本书调查、研究、撰写前后历时多年，选取的材料也跨多个时间段，其间，行政区划、机构单位名称多有
所调整，这里为保证当时调查研究的真实性与材料的客观性，在最终出版时一仍其旧，望读者识之。

我国开展利益相关者圆桌对话的背景、组织及操作模式设计、地方应用状况及案例，介绍了就社区环境圆桌对话开展的社会调查结果，并讨论了利益相关者圆桌对话在我国社会治理，特别是在环境社会治理中的应用，对我国环境、社会、政治、法治、文化等方面的影响。

上述探索工作是作者在世界银行工作期间进行的，得到世界银行政策研究基金和信用基金的支持，并得到世界银行同事 David Wheeler、Susmita Dasgupta 以及王佩珅等人的帮助。上述有关环境圆桌对话方面的工作主要是通过作者主持的世界银行政策研究项目在中国开展的，项目在国内的承担和合作单位包括：江苏省环境保护厅，丹阳市、阜宁县、姜堰市环保局，南京大学环境学院；重庆市社会科学院，万盛区政府，万盛区东林街道；环境保护部环境与经济政策研究中心；北京师范大学环境学院；贵州省环境科学研究所；环境保护部宣传教育中心等政府部门和机构。做过重要贡献的个人包括（排名不分先后）：秦亚东、许纲熙、蒋巍、陆根法、毕军、王远、何书金、王良富、许学成、赵子宏、薛勇、申亚桥；沐华平、蒋建国、申大华、许玉明、丁新正；杨朝飞、别涛、张庆丰、王新、肖学智；曹风中、周国梅、国冬梅、周军、郭红燕、吴昌华；杨志峰、徐琳瑜；贾峰、曾红鹰、焦志强、陈瑶、崔丹丹等。作者衷心感谢上述所有项目参与者的贡献，并特别感谢环境保护部宣传教育中心的贾峰主任，是他的领导、参与和推动使得社区环境圆桌对话能够在几十个城市的绿色社区建设中展开试点和应用，感谢环境保护部环境与经济政策研究中心的郭红燕博士，她帮助编写了本书若干重要案例。本书部分内容来自作者主持的世界银行项目报告；在本书完成过程中，得到清华大学产业发展与环境治理研究中心项目经费支持，郭红燕、李晓、黄德生等人帮助整理了部分背景材料，并对最终稿进行了编辑，作者一并表示衷心感谢。作者对本书中所有可能存在的错误负责。

中国人民大学环境学院院长

目　录

第一章
引言

近年来，我国面临严峻的环境和社会问题，单一的政府主导型环境治理体制需要系统性变革，利益相关者圆桌对话作为一种有效的社会治理机制，应该能够帮助解决或部分解决这些问题。圆桌对话已经在国内外多个领域得到应用，在我国的全面推广和应用具有良好的理论支撑和实践背景。

（一）我国面临严峻的环境和社会问题

随着过去三十多年经济的快速发展，我国的生态环境问题日益凸显，环境污染、生态破坏越来越严重，引起整个社会的广泛关注。另外，近年来由环境问题引起的社会问题也日益严重、复杂，环境突发事件、环境群体性事件频发，严重威胁到我国的社会安定和发展。

近几年，我国环境突发事件发生的频率总体呈上升趋势。2008 年至 2011 年间，我国突发性环境事件 568 起[1]，而仅 2012 年一年的环境突发事件数量就达到了 542 起[2]，2013 年更增至 712 起[3]，2014 年降至 471 起[4]，但仍保持平均每天 1.3 起的高发频率。环境突发事件可以在短时间内对事发区域的环境质量造成冲击性破坏，在没有预防的情况下极易对公众的生命、健康及财产产生危

---

[1] 环境突发事件平均 2.6 天 1 起　过半涉及危险化学品。http://green.sina.com.cn/news/roll/2013-02-22/140326330765.shtml.

[2] 中华人民共和国环境保护部：《2012 中国环境状况公报》。

[3] 中华人民共和国环境保护部：《2013 中国环境状况公报》。

[4] 中华人民共和国环境保护部：《2014 中国环境状况公报》。

害，造成重大的社会影响。例如，2014 年 1 月广东省茂名市公馆镇一汽车维修厂违规向河道排污，造成河道附近学校 97 名师生因吸入刺激性不明气体集体不适被送往医院，事后调查发现排污口处石油类污染物浓度超标 3900 倍，挥发酚超标 15000 倍[①]，高浓度的污染物对受害师生身体健康造成严重影响。再例如，2015 年 8 月 12 日天津滨海新区爆炸事故造成大量有毒化学品燃烧泄漏，周边地区乃至北京民众都对事故造成的大气、水体污染表示强烈的担忧，监测结果也表明爆炸确实使得事发地一定范围内大气中甲苯和挥发性有机物浓度超标，对人体健康产生威胁。此次事故引起了社会广泛关注和讨论，民众对危险化学品存储地选址环评、安评和监管等一系列问题提出质疑并表达了忧虑，造成了非常恶劣的社会影响。环境突发事件威胁民众生命财产安全，引起伤亡的事件屡有报道，事件发生后，舆论尤其是谣言的传播极易引起群众的恐慌以及对政府应急处理的不理解、不满意、不信任，导致社会的不安定。

同时，我国由环境问题引起的群体性事件也在不断增多，且危害性极大。据统计，当前的环境群体性事件主要由四类事件引起：一是大中城市铁路、公路、电力、垃圾焚烧厂等基础设施建设；二是农村和中小城镇违法排污，包括暗管排污、私倒垃圾与危险废物；三是大型企业由于安全生产事故引发的流域性、区域性的污染事件；四是现代化工业项目建设[②]。自 2007 年以来，厦门、大连、宁波等地陆续发生了抗议 PX（对二甲苯）项目的环境群体性事件。2007 年 6 月，数千名激愤的厦门市民以"散步"名义上街游行；2011 年大连 PX 项目在建防潮堤坝受热带风暴影响发生溃坝，经抢险没有造成泄漏，上万名大连市民因此集会游行抗议，要求 PX 项目"滚出大连"，导致大连 PX 项目停产；2014 年广东茂名市民上街反对 PX 项目并发生了打砸事件[③]。诸如此类的环境群体性事件是一种暴力边缘的诉求表达方式，具有很大的破坏性，包括上街堵路、静坐示威，甚至打砸党政领导机关、公共设施，与司法机关发生冲突，严

---

① 2014 年中国突发环境事件 471 起　偷排偷放不容忽视. http://www.chinanews.com/gn/2015/01-23/6999645.shtml.

② 杨朝飞：《创新应对重大环境事件思维　推动环保战略转型》，《全球化》2014 年第 6 期。

③ 杨朝飞：《创新应对重大环境事件思维　推动环保战略转型》，《全球化》2014 年第 6 期。

重危害了社会的稳定。除此以外，如 PX 项目、核燃料、垃圾焚烧厂等大型项目的负面影响被舆论夸大，群众跟风相信并盲目抵制，导致项目无法进行，在一定程度上也阻碍了我国社会和经济的发展。

在农村和中小城镇，乡镇企业违法排放有毒有害污染物而引发的环境群体性事件居高不下。2009 年 8 月，陕西宝鸡市凤翔县长青镇发生了一起因血铅污染引发的群体性事件，逾 600 名儿童血铅超标，村民要求当地政府彻查 14 岁以上者及成人血铅情况并关闭工厂，但诉求无人回应，矛盾激化导致污染企业附近数百名村民强行冲进厂区进行打砸[①]。在凤翔血铅事件发生仅仅几天之后，湖南武冈市文坪镇再曝血铅污染事件，当地政府组织检测的 1958 名儿童中 1354 名疑血铅超标[②]，8 月 8 日晚约千名横江村村民与约 200 名政府官员、警察发生对峙，警车被掀翻[③]。环境群体性事件引起民众与政府、企业的纠纷甚至冲突，成为影响社会稳定的重要因素。

我国的环境问题还引发了社会不公平的问题。某些人的先富牺牲了多数人的环境，某些地区的先富牺牲了其他地区的环境，环境的不公平加重了社会的不公平[④]。首先，城乡之间不公平。我国在城乡污染防治上的投资差距之大，使得中国农村水污染、耕地污染、固体废弃物处理处置等问题无从解决，农村的环保设施少之又少。同时，城市污染企业向农村转移使得农村的环境问题加剧，城市环境的改善以牺牲农村环境为代价。其次，区域不公平。我国区域发展不平衡，欠发达地区的资源源源不断输送给发达地区，生态环境遭到破坏却没有得到相应的补偿。最后，社会阶层不公平。中国社会的贫富差距越来越大，富裕人群人均资源消耗量大、污染排放多并可以通过各种方式享受医疗保健，而贫困人群往往是环境问题的直接受害者且无力应对因此带来的健康损

---

① 凤翔血铅事件。http://baike.baidu.com/link?url=rXM2qCZLE-JryTx9d0QMn_B0xi48dhUJBP2JRSMkEDvTQU6KF89tW07V6AvcYvM8d6WyWSRaOSx1ncPeLeDEzK.

② 透视武冈血铅超标事件。http://www.xj.xinhuanet.com/2009-08/25/content_17503778.htm.

③ 湖南武冈血铅事件：千人与警察对峙　警车被掀翻。http://www.china.com.cn/news/txt/2009-08/20/content_18369685.htm.

④ 潘岳：《环境保护与社会公平》，《环境教育》2005 年第 1 期。

害。 环境问题所引发的社会公平丧失是威胁社会稳定、和谐发展的重要因素之一。

我国正面临严峻的环境问题以及由环境问题引发的社会问题，这些问题的解决不仅需要依靠完善的行政机制、市场机制、法律机制，同时也需要更多地开发像利益相关者圆桌对话这样的社会机制。

（二）我国环境治理体制急需系统性变革

目前我国的环境治理体系主要以"自上而下"的行政、法律、市场和经济手段为主。 行政、法律手段主要通过法律、法规、规章和标准等对环境活动进行强制性约束，具有很强的确定性和可操作性。 市场和经济的手段则主要根据价值规律，利用排污收费、征收环境税、财政投资、排污权交易等经济杠杆调整或影响有关当事人产生和消除污染行为，可以促进经济主体改变自身行为决策，管理灵活且效率较高。

在环境治理过程中，政府通过行政手段干预，纠正环境外部性导致的市场失灵是必不可少的，对环境活动的最终效果明确，可操作性强。 但政府在环境治理方面存在效率低、成本高、决策错误和环境不作为等问题。 我国目前将经济业绩视为政绩的主要指标，地方政府急于寻找新的经济增长点而忽略环境承受能力或可持续发展的环境要求，很可能导致政府环境职能的失灵，这意味着政府行为的局限性，地方政府、部门在不受监督和缺乏竞争性情况下追求自身利益，是政府失灵的一个症结[①]。

在环境法治方面，法律的权威性、强制性和规范性使得环境治理更有力、有效，具有稳定性和明确的规定性，是行政和经济手段的基础和依据。 但我国的环境保护法立法相对较晚，目前环保法律法规体系还不完善，法律制定粗线条，实用性和操作性不强，责任不明确，行政处罚力度过小导致违法成本小于守法成本等问题依然存在，同时环保立法不能完全适应环保执法的要求，执法

---

① 肖巍、钱箭星：《环境治理中的政府行为》，《复旦学报》2003 年第 3 期。

不严现象普遍。

环境经济手段在我国的应用已取得一定成绩，市场调节作用灵活性高、响应快、效率高，使得经济手段在环境治理中的运用越来越受到重视，但目前仍存在较多问题。环境作为一种公共物品，在市场经济中具有外部性，由此产生环境资源的无效配置，出现"市场失灵"。在各种环境经济手段中，我国的排污收费收税制度实行较早，但现在我国收费标准整体偏低，且不能包含全部的环境污染行为。在排污权交易上则存在缺乏法律保障，缺乏成熟的市场机制、监管机制，存在排污企业和环保监管部门间的寻租行为等问题[1]。

上述"自上而下"的手段在我国环境治理过程中发挥了很大的作用，但仍存在很多不足。政府和市场机制都存在"失灵"的固有缺陷，不能够解决环境治理过程中产生的许多问题，因此需要寻求社会"自下而上"的体制进行补充和完善。十八届三中全会提出推进国家治理体系和治理能力现代化，创新社会治理体制，增强社会发展活力，提高社会治理水平。在环境保护领域，就是要开展环境社会治理，即用社会治理的理念和方法推动环境治理，调动全社会的力量搞好环境保护，积极预防和有效化解由环境问题引起的社会矛盾。

目前我国环境社会治理工作内容主要包括环境信息公开和服务、环境宣传教育、环境社会调查、环境社会监督、环境社会服务、公众参与政府行动、环境公益诉讼、利益相关者圆桌对话、环境社会补偿机制和环境社会风险评估、预警和化解机制等方面，通过这些方式方法能够使得公众积极参与和推动环境治理工作，提高治理效率，节约交易成本，取得更好的环境治理绩效。其中，与其他治理方式相比，利益相关者圆桌对话更强调社会自发解决矛盾纠纷，多个利益相关者针对某一环境问题共同交流讨论，探讨解决问题的途径。目前我国已经在30多个城市试验了利益相关者圆桌对话机制[2]。实践表明，环境圆桌对话机制能够增进政府、企业和民众不同利益相关者之间的理解和信任，有效化解因环境问题引起的社会矛盾和冲突，也可进一步推动环境政策法规的落实。

---

① 刘颖宇：《我国环境保护经济手段的应用绩效研究》，中国海洋大学 2007 年博士学位论文。
② 王华、郭红燕：《环境社会治理：从理念到实践》，中国环境出版社 2015 年版。

（三）圆桌对话在工商企业界有广泛应用

圆桌对话，作为一个解决多方利益冲突和矛盾的方法，最早应用于工商界。1984 年，弗里曼出版了《战略管理：利益相关者管理的分析方法》一书，明确提出了利益相关者管理理论，之后对于企业界利益相关者理论的研究和探讨逐渐开始发展起来[①]。利益相关者理论是指企业的经营管理者为综合平衡各个利益相关者的利益要求而进行的管理活动，与传统的股东至上主义相比较，该理论认为任何一个公司的发展都离不开各利益相关者的投入和参与，企业追求的是利益相关者的整体利益，而不仅仅是某些主体的利益。利益相关者包括企业的股东、债权人、雇员、消费者、供应商等交易伙伴，也包括政府部门、本地居民、本地社区、媒体、环保主义等的压力集团，甚至包括自然环境、人类后代等受到企业经营活动直接或间接影响的客体。这些利益相关者与企业的生存和发展密切相关，他们有的分担了企业的经营风险，有的为企业的经营活动付出了代价，有的对企业进行监督和制约，企业的经营决策必须要考虑他们的利益或接受他们的约束[②]。后来由这一理论衍生出了利益相关者圆桌对话的形式。

国际上，工商界用利益相关者圆桌对话已经解决了很多问题。自 1999 年 5 月起，美国塔夫茨大学高等理工学院在两年时间内针对二手电子设备中热塑性工程塑料（主要针对电子设备中的塑料树脂）的回收发起了六次利益相关者圆桌对话[③]。塑性工程塑料综合了大部分塑料的优越性能，如耐热性、耐寒性、尺寸稳定性、绝缘性等，广泛应用于电子、电气等领域，随着工程热塑性塑料消费量的增加，其废弃物也在增加，因此它的回收再利用问题引起了重视。

---

①　Bradley R. Agle, Thomas Donaldson, R. Edward Freeman, et al., Dialogue: Toward Superior Stakeholder Theory, *Business Ethics Quarterly*, 2008, 18(2): 153-190.

②　陈宏辉：《利益相关者管理理论三则案例的启示》，《经济管理》2005 年第 23 期。

③　Patricia S. Dillon, *Stakeholder Dialogues on Recycling Engineering Thermoplastics: A Collaborative Effort to Build a Recycling Infrastructure for Plastics from Electronics*, Institute of Electrical and Electronics Engineers, pp. 70-75.

这六次圆桌对话由美国环保局固废中心、西弗吉尼亚州聚合物联盟、切尔西回收与经济发展中心提供经济支持，聚集了塑料供应链（图1）上60多个代表机构，包括树脂供应商、铸模者、电子设备制造商，以及塑料回收商、电子设备回收商、终端消费市场代表，联邦、州及地方政府官员及其他工业专家等，并成立了三个任务小组来开发相关对策。每次对话由一系列分会或各小组会议组成，各方参与者讨论了塑料的回收再利用现状，发现了这一过程中存在的挑战及机遇，围绕着供应链工艺、经济与市场开发等关键点最终形成了合作性的产业策略。

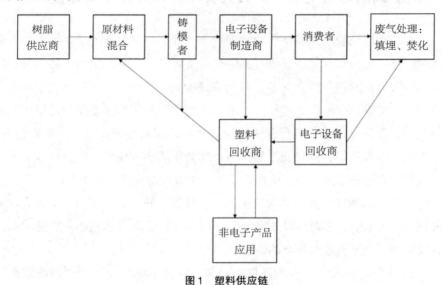

图1 塑料供应链

前两次圆桌对话探讨了塑料回收过程中存在的问题，包括收集—处理过程成本较高、缺乏足够的回收市场（回收商的缺乏，消费者、使用者的主动回收意识较弱等）、电子制造商拒绝使用回收后的树脂材料（因为供给不能保证持续性、回收材料质量的不稳定，以及缺乏针对回收材料的使用说明）、树脂供应商拒绝供应再生性材料（担心销售情况）等。此后，圆桌会议从一般性讨论转变为对战略行动计划的讨论，探讨如何通过多方利益相关者的合作，建立一套完善的回收设施和市场。会议提出了一系列解决途径，比如发展经济数据分析模型、开发回收树脂的新应用方向、编制回收材料说明书、拓展树脂回收来源、建立区域集中回收场所、可回收性的新产品研发、建立材料性能评级系统等。通过圆桌对话，加深了塑料生产链上各利益相关方的相互理解，达成了一致认同的合作性的产业策略，各种应对措施开始逐步实行，在保证节能环保的前提下，各方利益得以平衡，塑料生产链也开始朝着健康、绿色及可持续的方向发展。

（四）圆桌对话是对当前公共管理方式的补充和完善

公共管理以社会公共事务作为管理对象，社会公共事务的具体内容分为公共资源、公共项目和社会问题等，其中公共资源包括公共设施和产品、公共信息资源、人力资源和自然资源等。政府在进行公共管理时经常用到的工具主要包括行政类工具、市场化工具和社会化工具。行政类工具主要是指通过相关的法律法规、政策、标准等进行强制管理；市场化工具包括民营化、用者付费、合同外包、内部市场、产权交易等类型；社会化的手段包括社区治理、个人与家庭教育、志愿者服务、公私伙伴关系、公众参与及听证会等类型。

自然资源的管理一直是公共管理的一道难题，如果处理不当，会成为"公地悲剧"。由于信息不对称及效率低下等原因，政府自身不能够对自然资源进行有效管理，需要市场和社会的方法。

彻底的私有化或者政府的强权监督与控制都不能完全解决"公地悲剧"、"囚徒困境"和"集体行动困境"等公共资源管理中的问题，因为市场也会失灵。

美国学者奥斯特罗姆通过大量的实证分析，提出了自主治理理论，即公池资源的共享者们可通过"自组织"有效地自主治理。奥斯特罗姆提出，通过社群组织自发秩序形成的多中心自主治理结构、以多中心为基础的新的"多层级政府安排"具有权力分散和交叠管辖的特征，中心公共论坛以及多样化的制度与公共政策安排，可以在最大程度上遏制集体行动中的机会主义，实现公共利益的持续发展。也就是说，在公共领域存在另一只"看不见的手"，即在市场秩序与国家主权秩序之外的多中心秩序①。简而言之，奥斯特罗姆认为，在一定的"设置原则"②下，人们通过相互交流和博弈，常常能够找到解决"公地悲剧"的制度安排，能够使所有人面对搭便车、规避责任或者其他机会主义行为诱惑时取得持久的共同利益。

利益相关者圆桌对话是一种实践奥斯特罗姆理论的可操作方式，让利益相关方平等地、面对面地共同面对问题和解决问题，同时有中立第三方如 NGO、专业人士等的参与，可以多角度探讨各类矛盾和纠纷，最终达到一个各方可接受的结果，而这种结果也应该是社会经济意义上的最优结果。

（五）圆桌对话在国际公共管理领域已有实践

在公共管理领域，许多国际机构组织过圆桌对话。世界商业可持续发展委员会作为商业企业的一个联合体，自 1998 年以来便开始尝试用利益相关者圆桌对话的形式探讨企业与环境可持续发展问题。欧洲环境合作伙伴论坛、国际能力建设论坛及美国的许多机构实体等，也组织了一系列由政府当局、大小企业、工会、研究机构、环保组织、消费者等利益相关者参与的圆桌对话，旨在寻找各方利益与环境可持续发展的最优平衡③。

瑞典曾经针对水体富营养化问题组织过圆桌对话。瑞典斯科讷省西南部人口相对密集，饮用水主要从北部一个相邻的省引来，但是处理后的废水被排放到市区附近的地表水中，水质问题受到极大的关注。20 世纪 90 年代瑞典采取了以 15 个国家环境质量目标为指导的措施，其中一个关于水管理的目标即为"无富营养化"。他们就流域富营养化问题组织了重要的"流域对话"④，该对话

---

① 张克中：《公共治理之道：埃丽诺·奥斯特罗姆理论述评》，《政治学研究》2009 年第 6 期。

② 指能够使自主治理体系长期存续运行的背后的机理。

③ Stephen L. Payne, Jerry M. Calton, Exploring Research Potentials and Applications for Multi-Stakeholder Learning Dialogues, *Journal of Business Ethics*, 2004, 55: 71-78.

④ Marianne Lowgren, *The Water Framework Directive: Stakeholder Preferences and Catchment Management Strategies-Are They Reconcilable?* Ambio, 2005, 34(7): 495-500.

作为解决流域富营养化问题的途径在瑞典得到了很好的实施。在某一次对话实践中，37名伦讷河流域的利益相关者通过滚雪球技术被选出，代表5类利益相关者：从事植物生产的农场主、从事动物生产的农场主、点源污染排放者的代表（工业、城市废水处理厂、渔业）、监测机构以及在休闲和环境保护方面具有发言权的非政府组织。同行业的利益相关者首先进行会面讨论，在第二轮中，同样的议题在不同行业成员间进行讨论。

通过"流域对话"，总结了各利益相关方所认为的水体富营养化的原因，找出了其中的主要因素，并遏制了责任相对较大者（农场主）对其他参与者对于污染源头注意力转移的尝试，这在很大程度上制约了污染者的逃避行为。各参与者也在解决方案中对现有的奖惩措施及法规表达了意见，并协商得出最为可行的补救方法，即污染者支付原则。通过对话，各利益相关方彼此加深了理解，居民的环保意识、污染者的责任意识都得到了提高，为水域富营养化问题的解决提供了极大的推动作用。

此外，加拿大也曾通过利益相关者圆桌对话，召集伐木企业、居民、政府等利益相关方，解决了森林砍伐（砍伐速率、皆伐问题）与生态保护（选择性砍伐）之间的矛盾[①]。

莱茵河流域治理已经成为国际上典型的跨国界流域治理优秀案例。莱茵河发源于瑞士，干流流经瑞士、列支敦士登、奥地利、法国、德国及荷兰等6个国家。莱茵河河流过度的水资源开发带来经济利益的同时，也带来了诸多意想不到的后果：河流一度丧失了应有的生命活力，导致灾害频发；严重的工业污染，一度使莱茵河成为"欧洲的下水道"，水生生物种群数量大幅度减少，河流生态系统恶化。沿岸国家开始更加审慎地思考对河流的管理，加强国际间的对话与合作，建立了交流对话平台，成立了保护莱茵河国际委员会，共同治理莱茵河。在莱茵河流域的国际合作框架中，除了保护莱茵河国际委员会外，还有莱茵河流域水文委员会、摩泽尔和萨尔河保护国际委员会、莱茵河流域自来

---

① Cathy Driscoll, Fostering Constructive Conflict Management in A Multistakeholder Context:The Case of The Forest Round Table on Sustainable Development, *The International Journal of Conflict Management*, 1996, 7(2):156-172.

水厂国际协会、康斯坦斯湖保护国际委员会、莱茵河航运中央委员会等国际组织，这些组织虽然任务各不相同，但相互交流信息，保持固定的联络机制，共同为莱茵河的水资源开发利用和保护做出了贡献。在莱茵河国际委员会内，各个国家之间建立对话机制，共同交流、讨论和寻求解决莱茵河水污染的途径。各部门相互协调，先后实施了诸如"莱茵河地区可持续发展计划"、"高品质饮用水计划"、"莱茵河防洪行动计划"等项目，并采取了拆除不合理的航运、灌溉及防洪工程，重新以草木替代两岸水泥护坡，以及对部分裁弯取直的人工河段重新恢复其自然河道等措施。此外，委员会还制定了相应法规，强行对排入河中的工业废水进行无害化处理，减少莱茵河的淤泥污染，严格控制工业、农业、交通、城市生活污染物排入莱茵河并防止突发性污染。保护莱茵河国际委员会作为各国之间的对话平台，促进了各国的会晤和协调，成为治理莱茵河环境问题的关键[①]。

　　除了在环境领域，利益相关者圆桌对话在其他公共管理领域如政治、卫生、教育等领域也有所应用。例如，美国移民局（USCIS）通过每季度的EB-5利益相关者对话会议，公布移民审批进展及新政策等，听从国外移民、投资方等各方利益的诉求并为改善自身工作质量做出承诺；再如，国际劳工组织曾在日内瓦举行改善海员待遇的圆桌会议，参加会议者包括各地的交通局及劳工局官员、船东会代表和工会代表，对全球海员在工作安全、工作时间及招聘条件方面的待遇进行讨论。

---

① 杨正波：《莱茵河保护的国际合作机制》，《水利水电快报》2008年第29卷第1期。

第二章
圆桌对话机制的设计

　　利益相关者圆桌对话是利益相关者和责任相关者，以圆桌会议形式，就某一议题，进行沟通协商的一个机制和平台。现在越来越多的国家和地区使用这种方式来加强社会各方的交流，寻找相关责任和利益方共同的关注点和利益点，促进利益平衡，制定有效决策。在我国社区层面上，经过十多年的探索和实践，利益相关者环境圆桌对话机制已经成型。

（一）利益相关者圆桌对话的背景

　　圆桌会议据说始于公元 5 世纪的欧洲贵族。当时欧洲贵族召开会议，尤其是那些正式的会议或宴会，非常讲究主宾的席位座次，一般都是让主、尊、长者居中而坐，宾客则根据其身份、地位、辈分，一左一右，依次安排在主位的两面，但如果碰巧客人都是显贵尊长，座位安排就会出现困难。公元 5 世纪时，英国的亚瑟王想出了一个办法，即他和他的骑士们举行会议时，不分上下席位，围着圆桌而坐，这样就避免了与会者因席位上下而引起的纠纷，于是便形成了"圆桌会议"。圆桌会议不分上下尊卑，含有与会者一律"平等"和"协商"的意思。第一次世界大战后，国际会议多采用圆桌会议的形式。现在，联合国安理会和其他国际会议，以及在举行国际谈判时，大多召开圆桌会议。

　　利益相关者圆桌对话是利益和责任相关者，以圆桌会议形式，就某一议题，面对面进行平等沟通协商的一个机制和平台。在实践中，圆桌对话通常是由政府、企业、地方权力机构、直接受益或受影响的组织或个人、学术界人士、专家和其他个人参加，通过单次会议或系列会议的形式，就共同关心的问题进行对话，达到各方都可以接受的解决方案。

利益相关者圆桌对话可以在不同的层次上开展——全球、国际、国家、地方、流域或社区，也可以有不同的对话模式。

在社区层面上，利益相关者圆桌对话的目标可以设定为预防、管理或解决社区内利益相关者之间产生的矛盾。它可以成为一项定期的活动安排，包括会议的准备、组织和后续行动等。对话会议采用圆桌会议的形式召开。其中，所有参与者均被视为同等重要的成员。考虑到不同利益相关者具有不同的经济和政治能量以及现实中在磋商时可能存在的摩擦，对话组织者有时可能要引进外部力量介入对话，以提高活动的效率。

我国的社区圆桌对话可由社区居民委员会、民间机构或政府有关部门来发起组织，政府相关职能部门、相关企事业单位和社会利益相关者参加。在对话中，由责任相关方，通常是政府和企业，对其负责的工作状况做报告，并解释和说明其政策和计划；然后由利益相关方，通常是社区居民，向责任相关方提出询问、评价、要求或建议；最终达成三方均能接受的非强制性协议，并通过社会道德和舆论压力促使和监督责任相关方履行协议。

利益相关者对话可只涉及旨在规范利益相关者参与的制度安排，也可以把重点只放在确定活动原则之上，也可以针对具体的决定和项目。作为寻找共同利益和建立合作关系的工具，对话可以协调有关资源分配的争议，建立有实际意义的沟通，定位最根本的问题，并帮助缓解矛盾、解决冲突。参加对话的各方首先要就基本的对话过程的原则达成共识，而且通常参加者在以后的工作中都能够从建立起来的很强的合作关系中获益，并且由于避免了矛盾冲突，能产生很强的稳定性和节省调解和诉讼的成本。

（二）社区环境圆桌对话的组织形式

社区环境圆桌对话是政府、企业和居民针对社区面对的某一环境问题进行沟通协商的一种机制。对话会议采用圆桌会议形式的会场设计，强调参与各方的平等地位。对话一般在原有的行政区划基础上，以一个或几个由相似社会、经济、环境特征的相邻区域组成的广义社区，由社区工作人员组织，政府部门、相关企事业单位和公共利益相关者参加，就突出环境问题组织专门的讨论和协商。

成功的环境对话常以社区组织或环保民间组织为主来组织，争取各级政府参与，并得到人大、政协、社会团体、志愿者组织和媒体的支持。我国现阶段的对话大多由社区组织，社区领导或者政府主管部门的领导担当对话的主持，参加者主要是政府主管部门代表、相关企事业代表、居民代表、非政府组织代表和媒体代表。

对话的内容由对话的组织方根据需要决定，一般是公众长期关注的突出环境问题，例如污染控制、垃圾管理、绿化和自来水供应等。会议中一般先由政府相关部门说明工作，解释政策；由相关企事业单位就环境行为和改善措施在会议上进行汇报；由公众或者社区居民就其关心的问题提问，并提出建议或要求。讨论的主要内容是社区相关单位的环境行为及其改善措施，政府的环境管理情况，以及公众受到的环境损害和对企事业单位及政府的需求和建议。

对话最终达到的成果是三方均能接受的关于环境行为或环境管理的协议，并由三方签署生效。虽然该协议不一定有法律约束力，但是通过社会道德及舆论压力和其他潜在的影响能够监督和保证其执行。

（三）社区环境圆桌对话的目的和原则

我国的社区环境圆桌对话制度旨在建立社区、企业和政府三者之间的伙伴合作关系，通过直接对话和协商，共同探讨解决企业乃至地区的发展与环境问题。对话也可以帮助提高社区和公众参与环境管理的能力，拓宽政府在环境管理方面的手段和方法，增强政府在公众参与环境保护中的组织和协调能力。此外，通过在对话中相互交流和学习，公众、政府和企业的环境意识能得到提高。

对话组织的根本原则是：公开透明、平等公平、理性务实、法律意识和建设性、协商性、包容性。公开透明是指对话的程序和实质内容都应该向公众公开，对话议题、议程、主持人的选取、各方代表的选取、协商的结果和协议的执行等信息全面向社区公开，接受各方的监督。平等公平是指参加对话的各方在对话中的地位是平等的，受到的待遇是公平的，任何代表都没有高于其他代表的权利或权威，所有代表都获得平等的表达意见的机会，所有的意见都应该开展平等的讨论和得到平等考虑。理性务实是指对话的议题应该反映社区的具体真实状况，讨论的问题应该集中于公众的关注点，提出的建议应该符合当地的实际情况，并且在其社会、法律和经济许可范围之内，具有可行性和可操作性。法律意识是指会议的讨论、协议的达成和执行都必须严格遵守各项法律法规，并注重培养参与各方的法律意识。建设性、协商性和包容性是社区圆桌对话特有的原则，反映了对话的主要精神和中心思想，具体要求以提出对社区有建设性的问题和建议为主旨，强调不同利益方之间的协商和理解，并对不同的意见有充分的包容和进行充分的考虑。

（四）社区环境圆桌对话的主体

社区环境圆桌对话的主体包括组织者、参加者两方面。组织者通常是社区居委会或者社区内活跃的环保民间组织。会议组织者的主要责任包括：确立会议主题；确定利益相关方和责任相关方；邀请利益相关方和责任相关方参加会议；帮助利益相关方进行代表遴选；邀请非政府环保机构、专家、媒体及其他代表参加；确立会议地址和搭建基本的对话平台；确定会议规模；确定会议主持人；会前和会后的信息公开，包括对话的参加者信息、对话的目的、对话的议程、对话主题的背景知识和相关内容、对话的协议和协议执行的情况；对圆桌对话会议效果的评估。

参加者主要可以归类为责任相关方、利益相关方、环保志愿者及专业人员代表。责任相关方是指对于环境保护、资源管理或者其他对话主题内容有合法决定权和影响责任的主体，一般指政府和企事业单位。责任相关方代表应当按照会议要求准备相关信息，编制信息报告，并提交主持单位以便提前公开发布，同时在会议现场发布相关信息。而且，责任方代表应该在对话中对反馈的信息进行积极回应，对因为信息沟通不够造成的问题进行说明，对没有解决的问题说明原因，并提出下一步打算，对不能解决的问题说明原因，以及对相关建议给予回应。

利益相关方是环境保护和自然管理政策实施结果的直接受影响方，同时对于环境保护和资源管理利用方面只有很小的，甚至没有任何直接做出有法律效力决定的权力的主体，一般指社区居民。利益相关方代表应该准时参加会议，在会上积极发言，并以遵循理性和建设性为原则提出关注的问题和适当的建议。

环保志愿者及专业人员代表主要是指在对话主题方面有专业知识的人士或者长期从事该方面工作的环保组织代表，他们的主要义务是提供专业意见，及时发现并提出问题和建议，以及事后对协议执行的监督和会议结果的跟踪。这个分类可能会与前两个分类有重复，但是一个参加者是可以拥有双重身份的，而且不妨碍他享受任何一方的利益和履行任何一方的义务。如果他既是社区居民代表也是专家代表，那么他就可以同时从居民和专家的角度提出问题和建议。

此外，对话参加者还包括：会议主持人，负责宣读和掌握会议的程序和进程，总结各方的关键点，一个会议一般只有一个主持人，但是也可以有两个；对话记录员，负责客观、详细和全面地记录对话的全过程和全部内容；媒体参加者，对对话进行报道，采访关键人物，并跟踪报道协议的执行情况；其他列席人员，包括其他专家或非政府组织代表，没有选上成为居民代表的其他社区居民，以及其他有兴趣旁听对话的个人。

（五）社区环境圆桌对话的组织程序

社区圆桌对话主要包括三个阶段：宣传、策划和筹备阶段；会议组织和开展阶段；会后总结和协议执行情况的跟踪阶段。（见图2）

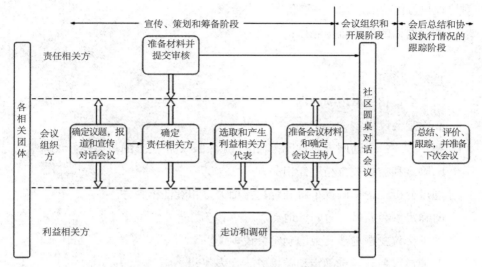

图2 社区环境圆桌对话的组织程序

在宣传、策划和筹备阶段，会议的组织方应当确定议题，报道和宣传对话会议，确定责任相关方，选取和产生利益相关方代表，并准备会议材料和确定会议主持人。与此同时，参加对话的责任相关方应当准备材料并提交审核。政府应该准备的材料包括该地区近期的环境质量、政府相关的环境法规和政策及其他与对话主题有关的行政材料；企事业单位应该准备好自己的排污情况数据，相关减排和环保方面的企业信息。另外，组织者应该积极开展走访和调研，进一步了解公众关注的问题和最希望看到的改善。

在会议组织和开展阶段，与会各方在主持人的组织下以圆桌的形式坐下，就共同关注的主题进行讨论。最常见的议程是先由主持人介绍对话目的、程序、注意事项、议题的背景情况和参加会议的人员等；然后由政府代表介绍当地的环境现状及政府的工作和政策；再由各企事业单位代表汇报各自的经济及环境污染控制现状，以及未来的污染控制计划和措施；接着由居民代表和专家代表向企业和政府有关部门提出问题；再进行互动、讨论；最后，主持人总结对话达成的协议，并由责任相关方和利益相关方代表签名。

最后，会后总结和协议执行情况的跟踪阶段包括对该次对话的总结评价，对协议执行情况的跟踪，并准备下一次会议。

圆桌对话的具体流程包括：

1. 筹办阶段

（1）会议相关事项的确定

a. 确定会议主题

两种方式：主动调查，发现存在的问题；接受相关方的举报和会议请求。

b. 确定利益相关方与责任相关方

通过分析主题和调查了解确定利益相关方和责任相关方。

c. 确定参会人员、时间、地点

根据会议主题与涉及范围确定会议规模。

d. 通过报名与遴选确定利益相关方代表

综合各方意见确定责任相关方代表。

e. 确定会议主持人

按照对主持人的要求甄选主持人。

f. 确定参会人员发言顺序和时间

发言的参会人员主要是三方：①利益相关方；②企业等直接责任方；③负有监管职责的政府职能部门。三方发言顺序应依照具体情况而定。但原则上，应让利益相关方首先发言。

（2）信息的搜集、整理、发布

a. 信息搜集

向社会（尤其是参会各方）公布会议组织者的联系方式，如电话号码、电子邮箱、信息发布网址，以便收集信息；了解相关问题的现状、原因、背景；了解利益相关方的人群数量、分布范围、人员构成、利益受损状况；了解责任相关方的数量、分布、运作状况、背景及相互关系；了解其对相关问题的态度；查阅相关的专业知识；查阅相关的国家政策、法律法规。

b. 信息整理和发布

根据主题与参会人员状况整理信息：明确哪些信息必须公开，哪些信息不宜公开；确定哪些信息应该在会前发布，哪些信息应该在开会时发布；不同信息应分别通过何种渠道发布；针对不同对象应发布何种信息。原则上，信息发布的对象为所有参会各方与社会公众。但考虑到我国目前的一些实际因素，应视情况区别对待。将经过整理的应该在会前公开发布的信息通过适当渠道向社会公众发布，发布时间应不晚于会议召开前3天。

可以利用的信息发布渠道包括：

① 口头传达：适合口头传达的小部分人员可采用口头传达的方式。

② 板报：板报适合社区内部宣传，应由组织者提供素材，责成相关社区编发。由于信息容量小，应注意选择重点。

③ 报纸、电视的新闻栏目：作为一般新闻在报纸刊发和/或在电视播出。

也可以建立新的信息发布渠道，包括：

① 圆桌对话会议专题网站：网站信息容量大，更新便捷，查询方便，可以存放大量文字、图片、音像资料，可以随时更新，还可以进行互动交流。

② 电视专题栏目：电视覆盖面宽，影响力大。专题栏目可以进行圆桌会议的现场直播，发布相关信息，进行跟踪报道。

③ 报纸专栏：报纸便于传阅、保存、复制和剪贴。报纸专栏可以进行系列跟踪报道，刊发反馈信息。

（3）其他必要的准备工作

a. 与相关各方进行协调沟通

通知各相关方按照相关要求甄选适当代表，并在预定时间到会；通知利益相关方，不仅要摆出问题，还应当拟出解决问题的合理方案；对责任相关方要重点强调圆桌会议理性、平等对话的性质，突出参加会议的正面积极效果（如改善企业形象，与公众建立良好的关系），促使其打消顾虑；与媒体接洽商谈相关事宜；必要的情况下应邀请相关的专家（如涉及技术或法律问题）。

b. 主持人培训

清楚圆桌对话会议的性质、宗旨、特色、目标；熟悉会议所涉及问题的相关情况；对会议涉及问题的现场做实地调查；对会议期间的突发状况有充分准备和应对方案。

c. 布置会场

制作、设置会标、条幅；按照圆桌会议所要求的平等精神安排座位；制作、设置参会人员名牌；安排租用其他相关设备（投影仪等）。

d. 充分考虑突发状况的可能性，并设计应对方案

2. 会议阶段

（1）会议程序

a. 人员签到并领取相关资料

相关资料包括：与本次会议相关的信息资料。

b. 主持人宣布会议开始，并简要介绍会议基本情况

主要介绍三个方面：参会人员；圆桌对话会议的基本内容和精神；本次会议的议题、背景、现状及目标。

c. 参会各方分别发言

按照事先制定的顺序发言，参会人员方发言时间最好控制在每人5分钟以内。

d. 会间休息（10—15分钟）

会间休息的目的是提供松散交流的时间；是否安排、安排在什么时间、时间长短由主持人视情况而定。

e. 参会各方开展自由对话

主持人应注意控制会场气氛、谈话方向。

f. 主持人视情况引导各方促成问题的解决或达成谅解共识

g. 主持人总结陈词，或达成相关协议

（2）相关配套工作

进行录像、录音、文字记录。

3. 会后工作

（1）会议资料整理

整理会议纪要，剪辑音像资料，保存原始档案。

（2）信息发布

a. 媒体发布相关信息（报纸、电视节目、网站）

b. 编辑信息通报（《信息通报》，专栏板报等）

c. 相关部门编发《简报》，报送政府相关部门

（3）后续衔接工作

a. 对会议效果进行跟踪调查，听取反馈，并及时公布相关信息

b. 安排下次会议内容

第三章
圆桌对话实践

社区环境圆桌对话的设计和实施始于作者领导的 2000 年世界银行关于中国乡镇企业工业污染控制的一项政策研究项目。那时中国所实施的工业污染控制政策大多只针对城市和国有工业企业而设计，位于农村地区的数百万相对较小的非国有企业一直成功逃避了环境监管体系的审查。这些所谓的乡镇工业企业造成了大量污染，带来了巨大的经济损失和社会矛盾。为了帮助我国解决由乡镇企业污染造成的环境和社会问题，作者在世界银行于 2000 年设立了一个政策研究项目，项目的一个活动就是测试利益相关者环境圆桌对话机制建立的可行性和有效性。自那时以来，符合中国国情的社区环境圆桌对话机制得以持续发展和完善。

（一）第一阶段：污染控制报告会

在 2000 年开始实施的世界银行项目中，作者命名环境对话活动为"乡镇污染控制报告会"，在江苏省丹阳市、贵州省六盘水市和天津市开发区分别各自选取三个乡镇，组织召开污染控制报告会。此后，江苏省环保厅进一步探索推广，并于 2004 年号召在全省范围内试行。

2000 年 12 月份、2001 年 9 月份和 10 月份，丹阳市皇塘镇、界牌镇和开发区三个乡镇举办了污染控制报告会，由当地环保局组织、主持。在这三次报告会中，企业基本能根据要求如实陈述该企业的经济发展、环境污染和治理现状，大多数企业就未来的污染控制措施和环境行为改善方面做出了一定承诺，许多企业承诺加强自身的环境管理，并对提高本企业管理人员和职工的环境意识给予了很大重视，但仍有少部分企业避重就轻，回避污染控制的具体承诺。公众对本地区的环境质量和企业的环境表现提出质疑和要求，对政府管理部门的管理工作提出了意见和建议。公众代表对城镇环保规划、农业面源污染、生活垃圾处置等环境问题以及农村地区环保宣传教育等问题都表现出较强的兴趣，并表达了接受环境教育和提高环境知识的强烈愿望。部分居民还对污染控制报告会提出了改进意见，但也有部分居民参与积极性不高，不敢当面表示对企业和政府管理者的看法。

第一阶段的实践中总结出来的优点包括：1. 报告会制度有利于公众获取环境信息，实现环境知情权。2. 有利于改善企业与公众之间的关系。以往，公众往往是在自身利益受到企业污染侵害的时候才向环保部门检举、报告，自然形成了一种矛盾对立的关系，当得不到妥善解决时，矛盾还会激化。通过报告会制度使企业和公众坐到一起，在矛盾发生前，以面对面交流的方式，得到相互谅解，相互支持，从而摆脱矛盾对立。3. 有益于利用公众力量参与环境监督管理。环保部门虽然是行使环境保护监督管理的主体，但是人员毕竟有限，力量不足，单靠环保部门一家是远远不够的。通过报告会制度，能够促使生活在企业周围的广大人民群众关心企业的发展和污染控制情况，也使企业感到周围有千百双眼睛时时刻刻在关注着自身的行为，使所在地政府和经济管理部门了解群众的呼声，清楚企业应该达到的环境目标。4. 有利于更好地促进企业控制污染，改善环境。通过对话，企业了解群众的意见，看到自己的不足，明确自己的目标。在公众面前做出的承诺，迫使企业进一步改善其环境表现。

同时，第一阶段的试点也存在一些问题和不足，包括：1. 报告会的形式问题，政府环保部门组织、主持会议，但同时他们也是责任相关方；2. 报告会的针对性问题，部分居民代表不是污染直接受害者，他们对企业的污染影响感受不深，因而对企业所提出来的建议有时力度不够。

（二）第二阶段：社区层面的环境圆桌对话

考虑到利益相关者环境圆桌对话机制在帮助解决我国环境问题方面的可行

性和有效性，作者于 2006 年在世界银行专门设立了旨在探讨在中国建立环境圆桌对话机制的技术援助项目。在乡镇污染控制报告会制度的基础上，进一步改进操作模式和规范，侧重在社区层面上，在我国进行大规模试点和推广。项目选取重庆社科院、江苏环保厅和环保部宣传教育中心为合作对象，在江苏姜堰、重庆万盛，以及沈阳、石家庄、邯郸、秦皇岛、杭州开展试点工作，将项目主题集中在解决社区环境问题上，项目名称确定为"社区环境圆桌对话项目"。

2006 年 7 月 14 日—15 日，"社区环境圆桌对话项目"试点城市培训会议在北京召开，本次会议由环保部宣教中心与世界银行共同主办，组织了宣教中心负责的五个试点城市（沈阳、石家庄、邯郸、秦皇岛、杭州）环保及相关政府部门、街道、社区、企事业单位、环保志愿者、新闻媒体代表共 120 人参加了培训。作者及环保部宣教中心、环保部政研中心、重庆社科院代表对该项目进行了讲解并开展了模拟对话会议。通过本次会议，各地参会代表从理论和实践层面掌握了该项目的操作方法。2006 年 8 月—12 月，各地根据当地实际情况，在社区中实施"社区环境圆桌对话项目"，作者及部分项目组成员观摩了各地对话会议并进行指导。

2006 年 11 月，作者同环保部宣教中心协商决定，进一步扩大社区环境圆桌对话试点范围，从地域分布和绿色社区发展水平等方面综合考虑，确定北京、天津、河南、陕西、江苏、云南六省（直辖市）为项目的试点地区，开展新一轮试点工作。新一轮对话项目总结了 2006 年的经验和教训，更贴近公众生活，注重实际问题的解决。同时，从经费预算、方案设计、计划实施、资料归档、项目总结、后续评估管理等诸多方面对项目加以规范，保障了项目顺利进行。

在 2006—2007 年间，全国 11 个省（直辖市）16 个市的 30 余个社区开展了对话会议，解决了 20 多个困扰社区的环境问题。同时，通过全国绿色社区创建活动交流、培训会议的机会，对来自全国 31 个省、自治区、直辖市的基层环保部门、街道、社区及其他绿色社区创建活动组织参与单位的近 800 名人员进行培训，将该项目在全国绿色社区中介绍、推广。

　　截至 2011 年，我国 30 多个城市试验了圆桌对话机制，对话机制已经被广泛地应用于解决社区环境问题，如工业污染控制、垃圾回收、餐馆污染控制、建筑工地污染控制、水环境管理等，成功化解了一大批社区环境纠纷和矛盾。在环境圆桌对话机制实施的过程中，部分地方在长期实践中已经形成了独具地方特色的实施制度和模式，如重庆万盛和江苏姜堰的社区圆桌对话模式。

　　此阶段的试点注重对试点社区对话的组织方进行培训，帮助其了解对话的形式和程序，加深了其对对话目的和宗旨的认识。此阶段的进步主要表现在：

　　1. 在会议的具体操作上更加熟练和有效率。首先，会场安排更加合理。会场安排更加符合平等和交流的精神，会场不设主席台，只设主持人席，与会代表不分主次、不分职位，自由入座。其次，会议主持更加合格。会议的主持人基本做到了中立和客观，较前有较大进步，在会上表现了良好的沟通技巧。最后，会议内容更加深入。代表更加贴近基层，因此提出的问题更加实际，更能反映出居民的实际心声。另外，企业代表能够积极参与对话，重视与官方代表和居民代表对话的机会。同时，对话主题的选取更有实际意义。

　　2. 首次使"圆桌会议"的形式进入公众的视野。参加会议的人很多，覆盖了政府各个部门领域以及社会各界，与会者基本都是第一次接触这个新的形式，虽然在参与的过程中仍然存在流程不熟悉、目标不明确、观点不深入、讨论不彻底等问题，但是毕竟通过参与会议了解了这种形式。并且参加会议的有众多新闻媒体，他们的报道将"圆桌会议"的形式带给公众，在社会上开始营造一种氛围：除了信访之外，还有这种和政府、企业沟通的形式。

　　3. 提供了与政府沟通交流的平台。环保主管部门、市民代表、企业代表和新闻媒体代表以及群团组织都派人参加了会议，信息的交流可以让各方从中找到对自己有益的信息。政府可以了解到群众最关心的环境问题，同时也能听到企业的声音，有利于更有针对性地开展环保工作。市民了解到相关的政策法规，可以更好地维护自己的环境权益。企业可以通过这样的会议倾听市民的意见，了解政府的环保政策和措施，从而更好地规范企业的行为，承担起应有的环境责任，促进企业的可持续发展。新闻媒体的介入，对政府的环保举措和市民最为关心的环境问题予以报道，可以有效地加强市民与政府之间的相互联系与交流，而如果市民反映的环保问题通过媒体的报道能够得到推动或解决，将鼓励更多的市民积极维护自身的环境权益。

同时，在此阶段的试点中，有些会议的质量和效果离预期目的还有一定差距，市民代表选取方法仍须进一步明确和公开，媒体代表发言较少，尽管我国各个层面的大众媒体广泛报道了该类对话活动，但是圆桌对话还没有制度化，只有少数地区自发长期使用这种手段。

（三）最新进展

2014 年，作者在环保部政策研究中心的项目支持下，先后赴邢台、贵阳、西双版纳对当地环保部门开展圆桌对话培训，并协助这三个城市就当地的环境问题开展圆桌对话。在邢台的环境利益相关者圆桌对话中，邢台市环保局选取了当地某医院的建设作为案例，周围群众对医院建成使用后可能产生的医疗垃圾、辐射污染等有较多的担忧。通过此次圆桌对话，项目建设方、环评单位向公众详细解答了他们的困惑和问题，最终得到了公众的理解和认同。贵阳市金华园社区的环境圆桌会议以社区餐饮油烟整治为主题，邀请政府职能部门、相关企业和社区居民开展对话讨论，以平等对话的方式就餐饮油烟治理达成共识，形成三方备忘录。环境监察部门和社区管理机构共同监督餐饮企业实施整改，餐饮企业自觉履行法定责任和义务，安装餐饮油烟净化设备，社区居民积极参与环境保护，主动向社区管理机构和环保部门举报污染环境的行为。西双版纳的环境圆桌对话围绕新城社区辖区内的财富中心项目建筑工地噪声扰民环境问题，主要是为了解决建设施工中，特别是夜间施工对周围 4 个住宅小区的住户所造成的噪声污染问题。会议邀请了与噪声扰民问题相关的居民、建筑施工方、项目监理方和景洪市环保局、公安局、住建局、城管执法局等政府相关部门以及街道社区、物业公司、新闻媒体等各方面代表 30 余人，通过讨论协商的对话方式使每个利益相关者都充分发表了意见，讨论并达成了"夜间连续施工必须取得环保部门的许可、禁止夜间施工噪声扰民、禁止高空抛扔建筑垃圾、禁止施工污水外排、做好洒水降尘措施、文明施工"等七点共识和承诺，签订了会议备忘录，对问题的解决起到了积极作用。

在推广圆桌对话的过程中，特别是地方城市初次接触圆桌对话时，对环保部门及相关单位、社区、团体代表的培训是必不可少的。中国已经在全国范围内多次开展过圆桌对话培训。2006 年，环保部宣教中心与世界银行组织了全国 7 个试点城市（沈阳市、石家庄市、邯郸市、秦皇岛市、杭州市、赤峰市和重庆市）的相关人员百余人在北京参加了"社区环境圆桌对话项目"试点城市培训会议。培训会后，共 13 个社区开展了圆桌对话会议。2007 年，北京市、天津市、河南省、陕西省、江苏省、云南省作为新的试点地区，派代表参加了"第二批对话项目试点地区培训会"，学员在培训期间还观摩了南京、镇江、常州三市连续举办的三场对话会议。2007 年，全国共 16 个社区围绕 18 个环境问题，开展了 20 场社区环境圆桌对话会议，成功地解决了 14 个社区的环境问题。2008 年，"第三批对话项目试点地区培训班"在扬州市举办，新增山东省、广西壮族自治区、广州市为对话项目试点地区 [①]。2014 年，环保部政研中心在项目的支持下，在贵阳、邢台、西双版纳开展了环境圆桌对话培训，培训主要针对当地环保部门及相关部门的工作人员，随后，三个城市均召开了环境圆桌对话，解决了当地的环境纠纷。

在圆桌对话的开展过程中，媒体和 NGO（Non-Governmental Organizations，非政府组织）的参与也起到了积极促进的作用。环保部宣教中心与世界银行组织的多次圆桌对话都邀请了各方媒体的参加。圆桌对话结束后，媒体的报道宣传了圆桌对话的过程和效果，让社会各界了解到圆桌对话并意识到圆桌对话的意义和重要性。对开展圆桌对话的城市来说，媒体的报道促进了环境纠纷的解决，提高了当地公众对政府处理社会问题的认可度。对于非项目试点的城市来说，面临相似的社会问题，这些城市也寻找到了一条新的解决问题的有效途径。NGO 作为中立的角色参与到圆桌对话中，既可以为圆桌对话提供专业的知识，以专业的角度提出自己的观点和看法，调解矛盾各方，化解社会矛盾，

---

① 环境保护部宣传教育中心编著：《探索解决社区环境问题的新途径 —— 社区圆桌对话指导手册》，中国环境科学出版社 2009 年版。

又可以成为公众的发言人，贴近企业，联系群众。在过去开展的多次圆桌对话中，NGO 的参与对整个圆桌对话的顺利进行起到了积极的作用，成为圆桌对话参与者中不可或缺的一部分。

环境圆桌对话在中国的实践表明，环境圆桌对话机制对预防和化解我国基层环境矛盾可行、有效、成本低，对我国基层环境保护及社区自我管理均可产生积极的影响，能够增进政府、企业和当地居民各种不同环境利益相关方之间的相互理解和信任，能够化解环境矛盾和冲突，改善相关单位和个人在公共治理方面的表现。

但就环境圆桌对话机制在国内的具体实施情况而言，此种机制还未在全国范围内广泛推广，且当前各地实施环境圆桌对话的形式各异，多为朴素地进行对话的形式，无论是在机构和制度建设方面，还是在对话模式、对话流程及对话策略方面都缺乏相应的理论指导和实践培训。下一步，应该在总结全国圆桌对话经验和典型圆桌对话模式的基础上，总结出若干套适合全国推广的环境圆桌对话机制，进而在全国范围内进行推广。

（四）两种地方特色圆桌对话组织操作模式

在中国，越来越多的城市自主开展了圆桌对话，建立了相应的圆桌对话制度，并形成了自己的特色。

姜堰和万盛作为我国较早开展圆桌对话的城市，目前均已在多个领域开展了多次圆桌对话，并逐渐形成自己的模式，具有自己的特色。本章节将分别对圆桌对话的姜堰模式和万盛模式展开讨论。

1. 环境圆桌对话——姜堰模式

（1）何为姜堰模式？

在姜堰组织环境圆桌对话的初期，对话组织者是政府环境部门人员，但他们逐渐意识到，此类对话应当由独立于政府的非政府组织来主办，因为有时环保局本身也是责任相关方。在政府的鼓励下，2008 年 6 月 4 日，一家名为"姜堰市乡村环保生态家园协会"（因姜堰撤市建区，现改名为"泰州市姜堰区乡村环保生态家园协会"）的环境非政府组织得以组建并注册，曾多年负责姜堰环境保护工作的已退休的姜堰市前副市长被选为生态家园协会的会长。

截至 2014 年，姜堰乡村环保生态家园协会在全市 15 个乡镇、一个经济开发区共成立分会 16 个，正式会员 600 多人，这些成员包括德高望重的市民、公共服务人员和年轻的志愿者。同时在各社区、各村均设立了环保义务监督员，协会触角延伸至全市所有社区和村组，基本实现全市全覆盖。针对当地居民关心的各种环境问题，生态家园协会组织了多次圆桌对话，致使姜堰在经济发展和环境保护之间取得了令当地人相对满意的平衡。

自乡村环保生态家园协会成立后，姜堰地区社区环境圆桌对话的开展，大多是由生态家园协会组织的，这成为姜堰地区社区环境圆桌对话的一个特点，我们将这种模式，即由同政府关系密切的环保 NGO 组织的环境圆桌对话，称为"姜堰模式"。

（2）乡村环保生态家园协会的主要作用 [1]

姜堰乡村环保生态家园协会秉承"源于基层、植根乡土、辐射全市、服务环保"的理念，在法律框架内，因地制宜地开展形式多样的环保公益活动。

第一，充当环保纠纷调解员，化解社会矛盾，促进和谐稳定。

当前环保工作面临的一个很大压力就是环境信访举报和环境矛盾纠纷的处理。由于环保人手不足、地域跨度大、污染企业分布广，环保工作人员并不能在第一时间掌握环境纠纷的苗头，不能及时介入处理，以致矛盾激化升级，甚至一发不可收拾。

协会成员积极参与环境信访的调处工作，对于能够现场解决的，他们主动做好解释说服工作，当场解决。对于一时难以解决或是久拖未决的环境信访，协会组织召开圆桌对话会议或协调会，让利益各方坐到一起，有话直说，有事就讲，共同协商制定让大家都能接受的解决问题的方案，同时也使得有些隐藏在环境诉求背后的个人其他企图不攻自破。

---

① 本部分参考了生态家园协会的总结报告。

在矛盾调解的过程中，协会内的老同志们发挥了巨大作用。他们在当地德高望重，具有较高的威信，村民、企业主以及基层干部尊重他们，因为他们有的是长辈，有的是老领导。他们用温和的、熟人的方式参与环境信访调处，易使大家接受，效果好。

第二，充当环境监管协管员，全天候监督，无障碍检查。

改善环境质量，污染企业的监管至关重要，但是由于一些乡镇企业主环保意识相对薄弱，不能主动承担环境保护的社会责任，经常出现不正常使用治理设施，想方设法偷排、漏排，逃避环境监管的现象。

遍布在各镇各村的协会会员，形成了几百双移动式"环保千里眼"，被监督的企业大多就在他们的身边，在他们的眼皮下。他们进入企业可不受地方政府条规的约束，能够实施无障碍检查，二十四小时监控。通过他们及时发现情况，环境监察人员就能在第一时间赶赴现场进行处理。同时协会定期组织协会内人大代表和政协委员到企业视察，与企业主沟通，督促企业依法排污、守法经营。

实践表明，环保部门的行政压力与协会的有效监督产生了强大的合力，在很大程度上对不法排污企业形成了震慑。据不完全统计，2012年，协会共组织会员1530多人次，走访企业320多厂次，及时发现和纠正了企业环境违法、违规行为。

第三，充当基层民意调研员，贴近企业，联系群众，传递基层呼声。

做好农村环境保护工作，关键是科学的决策。而科学决策的关键就是充分倾听民声、尊重民意。民意来自基层、来自群众，来自企业。

协会会员和各村的环境义务监督员，全部分布在各镇、各村，他们通过走村串户，与村民拉家常，与企业主侃大山，能够及时听到来自基层的声音并一一记录下来。他们从基层给政府相关部门带来了最原生态的声音。

姜堰区环保局以作风的转变促进机关行政效能建设，倾力打造"服务型"机关。先后出台了重大敏感项目审批前公示、项目跟踪服务卡、廉政监督卡等制度，对项目建设主动服务，全程督查。成立了环境咨询服务中心，免费为广大企业提供法律咨询、治污技术、清洁生产等全方位的环保信息服务，帮助企业解决发展中遇到的环保难题。这种将热情服务融入严格执法之中的举措，改变了原来一些企业与环保部门之间的对立情绪，提升了环保部门在企业的公正廉洁形象，而这一切改变都来自于生态家园协会的意见和建议。

第四，充当生态文明宣传员，开展环境教育，提高群众意识。

一个地区环境保护公众参与的水平，取决于这个地区环境文化发展的程度和群众道德素养的高低。姜堰是"教育之乡"，历来重视对公民的素质教育，有着良好的文化基础。协会通过各项宣传教育活动的开展，将绿色环保、生态文明的理念融入广大人民群众的学习、生产、生活之中，使蕴藏于群众内心深处的、原始的环境道德观得到激活，形成了具有浓厚地方特色的基层环境文化。

协会利用重大环境节日、农闲季节，通过走家串户、设立宣传台等形式，向农民、学校师生宣传环保的方针政策、法律法规，让大家自觉加入到爱护环境，珍惜绿色家园的行动中。同时充分发挥协会内艺术人才众多的优势，依托各镇文化中心、学校和社区编排环保文艺节目，用群众喜闻乐见的形式，宣传环境保护。

姜堰乡村环保生态家园协会已成为一条沟通纽带，拉近了政府、企业与群众之间的距离，减少了隔阂，增进了彼此间的互信，缓解了矛盾。

（3）圆桌对话的效果及推广情况

据统计，协会自成立至 2013 年 6 月，先后组织召开环境圆桌会、协调会、现场会等 68 场次，涉及企业环境污染、餐饮娱乐扰民、畜禽养殖污染、秸秆禁烧、项目选址等各类环境问题，协助处理了环境矛盾，有效地预防和避免了群体性环境事件的发生。

2. 环境圆桌对话——万盛模式

（1）何为万盛模式？

万盛地区社区圆桌对话，一般是由政府部门、街道办事处或者社区居委会单独或者联合发起，由社区居委会或街道办事处组织，这种由居（村）民委员会、街道办事处等组织的圆桌对话模式，称为"万盛模式"。

（2）万盛地区圆桌对话会议制度原则、程序和模式

为使圆桌对话制度具有切实可操作性，真正发挥功效，万盛东林街道通过不断探索，对圆桌对话会议的组织原则、主要程序、基本模式等做了具体完善。

① 明确"三大原则"

一是公众参与原则。对话会一般由政府部门、村（社区）党组织发起，参加会议的人员必须有广泛的代表性和群众性，能够充分反映公众的利益诉求和意见建议。

二是平等对话原则。对话会不设主席台，不排座次，不安排领导讲话，每个参会人员在协商过程中都有平等的话语权；各方在对话交流中不得以任何压制的方式阻止对方发表意见建议；同时还规定，主持人必须保持中立立场，不得介入各方争执，并积极协调各方关系。

三是协商解决原则。针对会议主题，各种不同利益主体之间通过沟通、讨论，甚至辩论，提出各自的立场、观点、意见建议，并在尊重对方、尊重事实、尊重现实的基础上，达成共识或谅解，提出各方或绝大多数人都能接受并愿意付诸行动的最佳解决方案。对暂时无法达成共识的问题，不做强制性要求，而是通过进一步协商沟通加以解决。

② 设定"六个步骤"

第一步，选择对话主题。圆桌对话会的主题必须是一定时期、一定范围内社会公众最关心的热点、难点问题，尤其是涉及当地群众切身利益的问题，如思想上的困惑和社会公益问题等。会议主题可由当事各方协商确定，也可由发起方根据掌握的情况和发现的问题，提出议题建议，在听取相关各方的意见建议后确定。参会人员要围绕议题开展调查研究，及时听取和收集群众对议题的意见，做好参会的相关准备工作。

第二步，明确参会对象。圆桌对话会参会人员主要包括：会议主持人、当事各方代表、旁听见证人员、媒体记者、网民代表、会议记录员等。主持人应选择无利益关系的第三方且在当地有一定社会影响的人士担任，如人大代表、政协委员、离退休干部、新闻媒体及村居组织负责人等。为保证协商效果，还

需在当事各方代表中确定几名中心发言人，负责提问或解答。

第三步，正式召开会议。会场以圆桌的形式布置，不设主席台，不设上下席位，与会者随意围坐。会议一般有四项议程：第一，主持人说明议题和会议须知；第二，中心发言人陈述事实、表达观点；第三，当事各方对话沟通、平等协商，提出具体的建议；第四，主持人总结发言，对会后事项做说明。

第四步，整理会议纪要。会议记录员要在会后两日内整理出会议记录，必要时应形成会议纪要，经会议发起方负责人、当事各方参会代表、特邀监督员审阅签字后，抄送当事各方或与会议协定事项相关的单位，并由会议发起方或特邀监督员保存备查。

第五步，公布会议成果。会后应根据会议内容及时在适当范围内，通过简报、报刊、电视和互联网等媒体，及时向广大市民通报会议形成的成果，以进一步扩大与市民的交流沟通面和影响面。

第六步，跟踪问题解决。对会议商定的事宜，由当事各方按照议定方案自行组织实施。同时，通过特邀监督员、新闻媒体等对会议议定事项的落实进展情况进行跟踪监督，并及时向公众通报，促进各方认真履行各自义务和承诺，推动问题的圆满解决。

③ 推行"四种模式"

根据所要达到的目的，将圆桌对话会议细分为四种模式：

一是"邻里圆桌对话会议"。以切实解决城市社区、农村村社邻里居民间的矛盾纠纷，构建和谐邻里关系为主要目的。一般由社区、村干部作为主持人，邀请当事各方围坐一堂，进行面对面的交流协商，解决纠纷。此模式与传统调解模式的最大区别在于，圆桌对话会由对话双方通过沟通交流、共同协商确定解决方案，主持人不居主导地位，只起召集、见证作用。

二是"村（居）民圆桌对话会议"。一般由村、社区干部主持，召集村民或居民，集中学习形势政策，研究讨论村或社区公益建设，或对其他重大事宜进行研究协商。此模式的主要目的是引导村民或居民积极参与到村居治理中来，切实加强自我教育、自我管理、自我服务、自我约束，推进基层民主政治建设。

　　三是"社企圆桌对话会议"。主要在社区居民与驻地企事业单位之间进行，以解决市民与所在辖区社会单位间的相关问题为主要目的，积极推动矛盾各方展开合作，以依法、理性、务实的方式解决问题，搭建合作的平台。

　　四是"政群圆桌对话会议"。主要在村民、居民与政府部门之间进行，以保障群众的知情权、参与权、表达权和监督权为主要目的，就经济社会发展问题、重大民生问题、群众关注的热点难点问题等求智于民、问计于民、商榷于民，增进政群间的交流沟通，切实改善党群、政群、干群关系。

　　（3）圆桌对话在万盛区的推广情况

　　因圆桌对话制度在实际工作中产生的良好效果，东林街道决定推出这项制度。东林街道成立了以街道党工委书记为组长的"市民圆桌对话推动小组"，东林街道党工委在2010年到2013年期间多次印发有关推广和打造圆桌品牌的相关通知，将市民圆桌对话制度的打造作为街道群众工作平台，作为街道品牌向上级部门和友邻单位推介。

　　自2006年第一次圆桌对话举办至2015年，东林街道召开各类圆桌对话会100余次，化解矛盾纠纷100余件，主要涉及意识形态和民事纠纷两方面，其中政策宣传50余次，民事纠纷50余次。通过实行这一制度，一大批在街道市政建设管理、安全、环境、棚户区改造、治安巡逻、房屋物业管理等方面的矛盾纠纷得到有效化解，取得了良好的效果，得到了人民群众的支持响应。

　　万盛区委及宣传部也及时发现和总结了东林街道圆桌对话的经验，并形成制度，在全区推广。2008年9月，万盛区委办公室转发了《万盛区委宣传部关于在群众思想工作中推广"市民圆桌对话会议制度"的实施意见》；2009年3月，万盛区委政法委下发了《关于在综治信访维稳工作中进一步完善和推行群众说事和圆桌会议制度的实施意见》；同年5月，万盛区委宣传部下发了《关于进一步在群众中推广"市民圆桌对话会议制度"的通知》。这些文件的印发，使"市民圆桌对话会议制度"迅速在全区推广，并为服务地区经济社会发展、密切干群关系、构建和谐社会发挥了重要作用。截至2015年，万盛已经召开圆桌对话700余场次，解决矛盾纠纷700余件。

　　随着我国经济社会发展以及城镇化的加快推进，在改革和发展过程中，群众的利益诉求更加突出。万盛作为老工矿区各种矛盾更加凸显，但通过充分发挥"圆桌对话"在化解矛盾、疏通情绪、理顺关系、对话解决等方面的特殊作用，有效地化解了社会矛盾，增强了政府与公众的社会管理能力和责任意识，提升了民众民主参与意识，为新型政府治理体制探索出有效的途径。

第四章
圆桌对话典型案例分析

　　截至 2015 年 12 月，我国已有 10 多个省的 30 多个城市实践了圆桌对话机制，对话范围覆盖社区、街道、乡镇等不同的层面，对话议题涉及环境污染、社区管理、农村建设等多个方面。本章选取不同领域的多个案例进行具体介绍。

（一）工业污染领域环境圆桌对话案例

1. 姜堰镇革命河环境保护圆桌对话会

时间： 2009 年 7 月 7 日下午 14：30—17：30

地点： 姜堰镇政府五楼东会议室

主持人： 镇生态家园协会会长陈俊礼

参加人：

市生态家园协会代表沈子琛；

镇生态家园协会代表唐军秘书长；

镇政府代表林良泉副镇长、李森主任；

市环保局代表陈中华局长、赵子宏副局长、夏龙池副局长、华玉文大队长、徐兵副大队长、游卫东科长、申亚桥副科长、卜冬青副站长；

市镇人大代表沈发喜、殷绍林；

相关企业代表：姜堰市华宇轴瓦有限公司代表朱继荣、姜堰市城南包装厂代表周小正、泰州市新恒盛机械有限公司代表钱峰、江苏恒威机械制造有限公司代表陈浩、江苏大华工具有限公司代表徐宏根、姜堰市会宾楼浴城代表王荣礼、姜堰市相聚缘酒楼代表杨海；

村民代表：蒋岳涛、钱普根、陆秀华、殷金林、王宇凤

记录整理：李森

（1）圆桌对话召开的背景

革命河是姜堰市"文化大革命"时期人工挑建的生产河，全长两千多米，河的南岸是上百户的村民住宅区，北岸是镇民营产业中心工业园。工业园区有大大小小三十多个工业企业和六十多家三产企业。2009年年初，革命河河水变黑变黄，难以用于灌溉农田，同时河面有油状漂浮物，河里捞上岸的鱼有很浓的柴油味，也发生过死鱼事件。水质的恶化严重影响到沿河村民的生产和生活，多名村民向环保局举报和反映，情绪较为激动。

接到群众反映后，姜堰市环保局一方面委托市环境监测站监测革命河水质，另一方面调查情况、查找原因。市环境监测站6月9日取样监测，结果表明：革命河殷家村5组断面氨氮1.137毫克／升，超过国家《地表水环境质量标准》（GB 3838—2002）中的III类水质标准。经筛查，江苏恒威机械制造有限公司废水总排放口的COD（Chemical Oxygen Demand，化学需氧量）、含油类，泰州新恒盛机械制造有限公司废水总排放口的石油类，姜堰市思雅针织厂废水总排放口的COD、总磷，姜堰市相聚缘酒楼废水总排放口的COD、总磷、氨氮、石油类，姜堰市会宾楼浴城废水总排放的总磷、氨氮，姜堰市大华工具有限公司废水总排放口的pH，对照《污水综合排放标准》一级标准，全部超标，是造成革命河水质恶化的主要原因。

据环保部门掌握的情况，向革命河排放的污水包括村民住户生活废水、工业生产生活废水和三产企业餐饮、浴室等废水。沿河企业多是建于环评法颁布之前（2000年以前），环保部门对其环评要求不是很严格，企业做过环评，但做完环评后没有验收便投入了生产，存在偷排、跑冒滴漏等现象，企业环保措施并没有达到环评的要求。随着乡镇经济的快速发展，企业规模不断扩大，污水排放增加，加之革命河本身不太流畅，自净能力差，所以企业污水进入河内很容易形成污染。

针对沿河企业违法情况，环保局之前对有些企业也做过处罚，但效果并不

理想①。环保局指出，对企业的惩罚不是目的，解决问题是目的。同时，鉴于前期生态家园协会有过处理河流污染问题的圆桌对话会经验，所以环保局建议由生态家园协会用圆桌对话来解决这一纠纷。

（2）对话的前期准备工作

此次圆桌对话的组织和召开由生态家园协会负责，会议的主持人为镇生态家园协会会长陈俊礼，受邀参会的人员主要包括生态家园协会代表、镇政府代表、市环保局代表、市镇人大代表、相关企业代表（7人）、村民代表（5人）等近30人。

在邀请企业代表参会的过程中，环境监察大队做了很多的工作。企业基本没有来参加此次圆桌对话会的意愿，环境监察大队工作人员逐一给企业做工作，并告知其圆桌对话的目的是解决河水污染的问题，如果不通过圆桌对话解决此问题，就要按照现有的环保行政处罚手段来解决。最终有7个企业答应派代表参会，1个企业不能参会，由环保局跟踪督查。

会前，虽然会议组织方并没有酝酿一个较为完整的解决预案，但也大致形成了一个由企业、镇政府和环保局分别做出相关承诺，如企业做出环保守法和整改承诺、镇政府做出对革命河整治的计划承诺、环保局做出监管履职承诺，最终形成了由相关部门和村民代表监督实施的初步解决方案。

（3）对话会议的过程

会上，在主持人介绍了会议背景、会议议题、参会人员及会议纪律之后，参会代表按照既定会议议程先后围绕革命河水环境现状、革命河沿岸向其排放污染废水现状、解决革命河污染的对策与措施等内容发表了各自的观点和看法。

首先，姜堰镇介绍殷家村生态村、新农村建设情况和革命河的基本情况，以及镇政府对相关排污单位监管督促情况。其次，市环保局介绍环境监督情况和姜堰镇水环境质量状况，解释说明环保法律法规，并指出企业的违法行为。

---

① 据介绍，为招商引资，当年市政府曾出台相关政策，要求对当地招商引资企业的首次违法行为不进行处罚。

同时环保局也提出，希望企业能够在此次会议上提出有力的污染防治和整改措施，共同解决河水污染问题。再次，7家参会企业代表报告了各自的污染防治和整改守法情况。复次，参会群众代表向镇政府、市环保局及沿河相关企业负责人进行了提问或质询。最后，按照既定议程，会议推选了2名革命河义务监督员，企业做出了环保守法和整改承诺，镇政府做出了对革命河整治的计划承诺，环保局做出监管履职承诺。

（4）对话会议的结果

会上，企业的表态非常关键。起初企业代表发言并不积极，环保部门及时进行了劝导，并指出，市政府对于招商引资的企业很珍惜和爱护，并给予违法企业首次不罚的优惠政策，但如果此次会议不能很好地解决河流污染问题，环保部门将采取行政处罚手段。会议经过陈述、提问、讨论、征求意见、相关单位做出承诺等形式，最终达成了共识。主要包括两个方面：

第一，形成《企业环保承诺书》。参会的7家企业代表均在承诺书上签字，被选出的村民代表钱普根、殷金林作为监督人也在承诺书上签了字。承诺书承诺的主要内容为：一是严格遵守各项环境保护法律、法规以及规章制度，诚实守法；二是加强内部环保管理，自觉履行环保职责；三是建设好污染防治设施，规范操作并定期检修，确保污染物达标排放；四是建立完整的企业环境管理档案，实行规范化管理；五是排污口设置规范化，不设置暗管、暗口，不偷排、直排废水；六是新、改（扩）建项目严格执行环评制度，不擅自增设污染工序，不擅自扩大生产规模；七是主动公开企业环境信息，自觉接受社会各界的监督；八是如发生违法行为，自愿接受环保处罚，如造成污染损害，主动承担赔偿责任。

第二，提出大家认可的对策建议，并写入会议纪要：

① 江苏恒威机械制造有限公司新上隔油处理设施，生活废水统一进入新型生活污水处理装置处理，确保废水达标排放。

② 泰州市新恒盛机械制造有限公司新上隔油处理设施，确保废水达标排放，喷漆工艺须经环保审批，并按"三同时"要求配套防治设施。

③ 姜堰市相聚缘酒楼新上餐饮废水处理设施，并经环保部门验收合格。

④ 姜堰市会宾楼浴城新上洗浴废水处理设施，并经环保部门验收合格。

⑤ 姜堰市大华工具有限公司加强对电镀废水处理操作人员的素质培训和教育管理，确保处理废水达标排放。

⑥ 姜堰市华宇轴瓦有限公司对废水排放加强管理，确保所有生活废水进入生活污水处理装置处理。对已停产的酸洗项目如恢复生产，须先履行环保审批手续，并执行"三同时"，确保酸洗废水达标排放。

⑦ 姜堰市城南包装厂冷却水做到循环使用，锅炉除尘废水须经处理达标后排放。同时，加强对锅炉除尘设施操作工的培训管理，确保烟尘达标排放。

⑧ 姜堰市思雅针织厂未参会，由市环保局跟踪督查，依法处理。

⑨ 参会各相关企业业主应积极履行环保守法承诺，主动抓好落实，为殷家村的新农村建设和争创国家级生态村营造一个优良的区域环境。

⑩ 群众代表推荐钱普根、殷金林为革命河义务监督员。2 名义务监督员要切实履行监督义务，发现问题及时向有关部门报告（环保举报电话：12369）。

⑪ 姜堰镇政府在会议期间做出的以下承诺要抓好落实：一是镇环保办经常深入工业园区和三产企业，督查企业守法经营，发现有违规超标排放行为及时制止并报告市环保局，督促相关单位达标排放。二是与水利部门沟通，抓好护坡改造建设分年实施计划的落实。三是对通向革命河排放的村民住宅、公共厕所的粪便，进行三格式改造，确保生活废水达标排放。四是做好工业园区污水管网规划和建设工作，尽快接通并入城区污水管网。

⑫ 市环保局对有关排污单位和个人进行跟踪督查，对环境违法行为实行限期整改，不能限期整改到位的依法处理。

（5）会后各方行动

会后，2 名义务监督员积极监督企业，生态家园协会和环保局一直监督和跟踪，在不到一年的时间里，企业按照在对话会上所做的承诺，环保设备基本都安装并运行，企业内部环境管理有所改善，河水水质变好。

（6）最后的状态

通过圆桌对话，不到一年的时间，河水水质变好，没有死鱼现象，老百姓比较满意，基本不再上访。偶尔河水水质反复，村民会向村干部或环保局反映，环保局会派人督查。

（7）总结、分析和评论

这是一起较为复杂的多名群众举报多个企业（多对多）的环境信访纠纷事件，通过圆桌对话较好地得到了解决。从本次对话可以得出如下启示：第一，圆桌对话对于解决多对多环境纠纷具有明显的优势。当多个责任相关方到场及多个第三方在场的情况下，各方的责任就会比较明确，不能相互推诿，且可共同商讨解决的办法，有利于问题的解决。第二，圆桌对话可以充分发挥各方的力量。会后，不仅环保局和生态家园协会在监督和跟踪企业环保整改情况，会上村民代表选出的 2 名义务监督员也在发挥其监督作用，由于其居住在企业的附近，在随时监督企业环保表现方面具有更大的优势。

最后，值得探讨的是，针对此类复杂事件，在召开圆桌对话之后一段时间，可以再根据需要继续召开 1—2 次对话跟踪会，详细了解企业环境表现改善情况，对做得好的企业表彰，对做得不好的企业进行刺激，持续促进企业改进，效果可能会更好。

2. 大伦博特新材料有限公司环境圆桌对话会议

时间：2008 年 12 月 4 日下午

地点：博特公司四楼会议室

主持人：生态家园协会工作人员

参加人：市环保局代表、镇相关代表（安全、环保、社保、民政、公安、生态家园协会、司法、供电等部门代表）、村两委成员、村老干部、村老党员、村民代表（约 15 人）、博特公司班子及职工代表（6 人）

（1）圆桌对话召开的背景

大伦博特新材料有限公司于 2005 年成立，2006 年正式投产，总投资近7000 万元，是一家混凝土外加剂生产企业。公司成立之初，很受姜堰当地政府和村民的欢迎与支持。该公司是民政福利企业，解决了当地居民尤其是残疾人的就业问题，本村的残疾人全部进厂，周边村部分残疾人的就业问题也得到解决，帮助了很多家庭，大家都以能进该厂为荣。

投产一年多之后，由于公司效益好，待遇相对其他企业也较好，所以本村想进厂工作的人比较多，而且有些家庭条件好的看到有些村民为工厂跑运输赚了钱，也想买车跑运输，但工厂并不能全部满足每个人提出的诉求。据说后来有人出主意，说企业有气味、有噪声等，可以借此找博特公司的麻烦，来得到一些实惠。刚开始是一两个人到工厂闹，然后是两三个，后来逐步发展为群体性的，且大多是 70 岁以上的妇女群众，躺道路上堵门，阻止公司车辆运输，多的时候甚至有六七十人。人数少的时候可以通过村干部或者熟人劝说化解，但人数多的时候就不太好处理，刚开始两次还能劝走，之后劝说就无效了。

工厂的实际情况是，风大的时候，附近的居民能够闻到一点味道，主要是萘的味道，工厂在生产的时候，也会有一定的噪声，但都没有超标。当然，博特公司本身也并非完全没有问题，环评要求的环保设施投入就没有完全到位。在村民多次反映的过程中，博特公司本身也采取了很多环保措施，如维修整改等，但并不能化解村民与工厂的矛盾。最后，考虑到当地群众在此事上已经不太相信政府，觉得政府和企业是利益共同体，政府处理此事的效果不好，市环保局就建议通过民间组织生态家园协会召开圆桌对话化解此事。

（2）对话的前期准备工作

此次圆桌对话的组织和召开由生态家园协会负责，会议的主持人为生态家园协会工作人员，邀请的参会人员包括市环保局代表、镇相关代表（安全、环保、社保、民政、公安、司法、供电等部门代表）、村两委成员、村老干部、村老党员、村民代表（约 15 人）、博特公司班子及职工代表（6 人），共计 30 余人。

其中，村民代表的选取非常关键和重要，主要是考虑对博特公司有意见的人，以及说话有代表性的村民，以便圆桌对话形成的意见能够通过他们很好地传达和实施。

（3）对话会议的过程

2008 年 12 月 4 日下午，对话会召开前半个小时，为使全体参会人员对博特公司有一个客观全面的了解，生态家园协会组织全体参会人员到博特公司进行了内部参观，了解企业的环保投入和所做的努力，以及当前存在的问题。参观的内容包括工厂的生产设备、治污设备、排污口，以及生产流程等。参观结束后，村民代表提出不同意见和要求，有的村民说有气味，有的提出要进厂打工，有的嫌之前补偿少要增加补偿，有的要求补偿拆迁，搬到远一点的地方。

会上，针对村民提出的环境问题，博特公司代表、村干部、村民代表、乡领导、市环保局代表、镇领导先后发表了意见和看法。首先，博特公司总经理介绍了公司相关概况、今后的工作方向及目标。他着重介绍了企业在污染治理方面所做的努力，并将环境检测结果报告及当地卫生监督所对工人的体检结果向村民代表展示，以证明企业污染物排放是达标的，气味对村民的身体健康也没有影响。多数村民代表对报告的结果认可。然后，村干部肯定了博特公司对村里所做的贡献，认为公司在污水处理方面做得很到位，并希望公司在村道路建设上给予帮助。而村民代表则提出，希望公司继续帮助有困难的村民解决有线电视费用及村民体检费用，同时也认为工厂车间噪声比较大，空气味道难闻，另外还发现河中有死鱼现象。乡领导认为，公司在地方建设上很规范，但须加强环境保护意识，做到物料不漏、不跑、不滴；同时要求卫星村群众要有大局意识，以建设为中心，以大伦镇发展为整体，多协调、多沟通。之后，环保局代表对村民提出有关影响环境问题进行了解释，同时提出要加大对公司的监管力度，实行高标准、严要求。环保局还对各代表提出道路建设、有线电视费用等问题提出建议，即由镇、村带头拿出解决方案，实在困难的可以请博特公司协助解决。此外，环保部门也对企业进行了劝说，让其意识到，企业现在正值发展上升期，企业通过一段时间的发展积累了一定的资金，完全有上环保设备的能力，如果不能尽快达到环保的要求，村民不答应，环保部门也会进行相应的处罚。最后，博特公司总经理表态，一定会做好环保工作，尽快达到环保部门的要求和标准。

（4）对话会议的结果

经过所有参会代表的发言、讨论和协商，企业最后做出口头承诺：

第一，对生产原料固体萘^①加以改进或替代，消除气味。

第二，对仓库生产废气进行处理。

第三，在合适的时候，对距生产车间 100 米之内的居民进行搬迁。

（5）会后各方行动

会后，企业按照承诺，一方面加强了环保内部管理，落实到岗位和人头，建立了倒查机制，一旦有气味举报，就责任倒查，将环保上升到与安全生产一样的高度；另一方面，对生产原材料进行了调整，并陆续投资 500 多万元，对环保设备进行了升级改造。

村民代表在会后将圆桌对话会的情况及企业的承诺告知相关群众。在会后的一段时间，村民没有再集体找企业，但一旦发现有气味就会联系协会，协会再通知工厂，工厂就会倒查责任并加强管理。

（6）最后的状态

村民反映的气味问题、水污染问题、噪声等都得到较好解决，拆迁问题也得到解决。已经没有上访和群体闹事，只有一个人由于达不到环评拆迁标准有意见，偶尔给工厂打电话，希望纳入拆迁范围，由于单纯是因为私利问题，因此协会和工厂并不理会。

（7）总结、分析和评论

此问题是在村民认为政府和企业是利益共同体，不相信政府部门能解决问题的情况下，由第三方中立社会组织帮助解决问题的一个很好的案例。本案例有两点启示：一是会前参观企业，对于全体参会代表，尤其是村民代表客观全面认识工厂的环境问题，进而在对话中寻求到合适的解决办法至关重要；二是相关部门的检测报告，如环境检测结果报告及体检结果报告，客观、公正、有说服力，为问题的解决提供了有利的依据。

此外，由于后期还存在个别人纯粹为了个人私利而给工厂打电话等行为，还可以继续召开一次圆桌对话，对完全由于私利闹事的人形成压力。

---

① 固体萘遇高温时会挥发，有危险性。夏天工厂生产时窗户不能完全密封，开窗户就会导致气味散出。

3. 江苏润泰化学有限公司环境整治圆桌对话会

时间：2015 年 4 月 30 日上午 9:00—12:00

地点：华源纺织企业会议室

主持人：生态家园协会开发区分会会长郭庄林

参加人：区环保局代表、区司法局代表、开发区经发局代表、生态家园协会代表、润泰化学公司代表（2 人）、华源纺织公司代表（5 人）、嘉晟染织公司代表（5 人）、友成染整企业代表（5 人）

（1）圆桌对话召开的背景

江苏润泰化学有限公司是位于姜堰开发区化工集中区的一家精细化工企业，公司占地面积 10 万平方米，投资规模超亿元，年产值约 4 亿元。华源纺织、嘉晟染织、友成染整三家企业分别位于润泰北侧、南侧、东侧，三家企业均为劳动密集型企业，共有职工 1000 多名。

2013 年以来，润泰化学公司周边的这三家纺织印染企业职工不断反映遭受润泰化学公司异味侵扰，部分职工发生头晕、呕吐、失眠等严重生理反应。先后有多名职工代表及工厂领导给区长、区环保局局长发短信和录音，也向泰州市环保局反映该问题。2015 年三月底四月初，矛盾最为激烈，有 100 多人到开发区办事处上访，后经劝说离开。

区环保部门检查发现，润泰公司环保审批手续齐全，配套了相应的污染防治措施，并通过了环保验收。经区环保局监察大队对润泰公司进行环保突击检查，发现异味产生的主要原因是生产过程中异丁醛和甲醛的无组织排放和渗漏，但针对异丁醛目前尚没有检测手段和排放标准。

在环保部门协调化解矛盾的过程中，受害群众对环保部门的工作有误解，认为环保部门在处理过程中偏袒污染企业，而污染企业对环保部门的工作也不理解，认为环保部门过分听信周围三家企业的反映，对其要求过高。上级领导特别是开发区领导也认为环保部门在这个问题上处理不力。因此，环保部门考虑将各方召集到一起，由生态家园协会组织圆桌对话，共同解决气味问题。

（2）对话的前期准备工作

对话会议定在华源纺织企业会议室召开，会议由生态家园协会开发区分会会长郭庄林主持。经商定，分别邀请区环保局、区司法局、开发区经发局的代表以及润泰化学、华源纺织、嘉晟染织、友成染整四家企业的职工代表，共20余人来参加会议。

在受侵害企业职工代表选取方面，是由举报企业自己选。生态家园协会事先与举报企业沟通，告知其近期协会要组织圆桌对话，每个企业可以选5—10个代表参会，并通知其会议时间和地点。其中润泰化学企业派副总和技术总工参加了会议，三家受侵害企业分别派了5个代表，其中两个企业的总经理也参加了此次会议。

（3）对话会议的过程

开会前，生态家园协会组织所有参会人员到润泰化工厂参观，现场查找了气味的主要原因，主要包括：一是江苏润泰化学有限公司生产车间有两个生产釜有轻微的渗透现象，异丁醛渗透到外保温海绵里，导致气味散发到空气中。二是异丁醛和甲醛均是挥发性、腐蚀性较强的物质，润泰公司的地下储罐、生产车间管道的法兰接口、阀门等易被腐蚀，造成法兰接口、阀门不密封，从而气味散发到空气中。三是江苏润泰化学有限公司污水处理设施采用的是蒸空尾气水排放通过车间地沟进入污水处理池的方式，污水极易在地沟淤积产生异味。四是企业原材料在进厂装卸储存过程中，有时因接口处置操作不当，易导致滴漏和不良气味散发。

参观结束后，开始进入正式会议。会议主要针对润泰化学气味污染问题，经过会议陈述、提问、讨论、征求意见、有关单位做出承诺等环节达成了共识。会上，润泰化学企业代表、受侵害企业代表和政府有关部门代表依次进行了发言。

首先，润泰化工代表对企业的生产、环境保护情况做了详细介绍，并针对气味防治问题做了专门介绍，包括已经做的、正在做的以及下一步要做的工作等。

其次，三家受侵害企业的群众代表谈了对润泰企业的认识，但对润泰下一步进行的工作持怀疑态度，特别是对异丁醛气味的危害性也表示了担忧。鉴于此，环保局代表现场从网上查找异丁醛相关知识并进行普及：异丁醛，无色透明液体，有刺激性气味，在空气中逐渐氧化，易燃，低毒，低浓度异丁醛对眼、鼻和呼吸道有轻微刺激，高浓度吸入有麻醉作用，脱离接触后迅速恢复正常。以消除群众代表的过分担忧。

最后，开发区管委会经济发展局代表从经济、社会和环境多方面提出三点意见：一是稳固局面，维护社会稳定；二是从各个层面充分与当事人沟通；三是公司应承担主体责任，非停不可，非整不可。

会上，三家受侵害企业要求润泰停产整改，经发局局长也希望停产，最后会议主持人建议企业停产整改①，润泰化工企业迫于压力承诺停产，并当场表态，企业何时闻不到气味，何时恢复生产。

（4）对话会议的结果

会议形成了会议纪要，关于纠纷的解决建议如下：

① 润泰公司进行停产整改，以此缓解因环境污染问题引发矛盾的激化。

② 江苏润泰化学有限公司要严格按照整改要求，从生产工艺、内部管理等多方面查找原因，可以到国内同行企业拜访学习污染治理经验，也可以请国内外知名专家学者来厂实地指导，进一步拿出整改措施，彻底解决生产过程中的无组织排放和渗漏问题。

③ 姜堰区环保局要加强对江苏润泰化学有限公司生产过程中的监管力度和频次，确保其依法生产、守法经营，一旦发现存在环境违规违法行为，依法及时予以严肃处理。

④ 开发区要积极与泰州华源纺织品有限公司、江苏嘉晟染织有限公司和泰州市友成染整公司职工加强沟通，倾听职工呼声和诉求，及时制止和处置环境污染突发矛盾，妥善化解纠纷，维护社会稳定。

⑤ 为更好地规范企业环保生产行为，经开发区生态家园协会与各方商议，决定成立"环保义务监督小组"，全程参与和监督润泰公司的污染治理，成员由区环保局、开发区环保科、开发区生态家园协会有关工作人员与华源纺织、

---

① 据了解，江苏省于2015年颁布过一个地方法规文件，对挥发性有机物规定，如果前期整改没到位，可以让其停产。

嘉晟染织和友成染整等企业职工代表组成。

⑥ 会议最终达成三点共识：一是责成润泰公司继续加大整改；二是在污染源整改未达标的情况下，企业不可自行复工生产；三是由环保局联系相关专业检测机构，对整改后的相关污染源排放指标进行检测，确认指标符合排放标准且对周边空气环境基本无影响的情况下方可继续生产。

（5）会后各方行动

会后，江苏润泰化学有限公司迅速开始停产整改，主要开展了以下工作：第一，值班厂长驻厂，建立相应的制度，提高管理水平，解决人为的跑冒滴漏。第二，工厂的技术人员和主要负责人到上海、无锡、苏州、南京等地的化工企业、技术科研单位进行调研，寻找解决办法，并找到了一套科学合理的方案，开始组织整改实施。对废水处理设施进行改进完善，扩大处理规模，同时也提高了有机废气的处理能力。第三，对整改的效果进行确认。整改结束后，向周边企业告知仪器设备已经修好，准备试生产，并组织周边员工进厂参观。

（6）最后的状态

2015 年 8 月中上旬，润泰化学解决了生产中的气味问题，周边企业职工比较满意，不再举报上访。

（7）总结、分析和评论

本案例是解决化工企业与周边企业群众之间环境污染纠纷的例子。受侵害企业职工反映问题持续时间较长，进行信访的人数也较多，但本案例中的气味污染处在环保监测的空白地带，污染企业的环保验收合格，环保部门没有让其进行整顿的依据，因此问题一直得不到有效的解决。通过圆桌对话，让双方企业面对面沟通，在相关部门的参与下，共同商讨解决问题的途径，打破传统解决方式的束缚，直接达成协议。

但本圆桌对话也有一些不足之处：第一，考虑到群众代表对异丁醛等化学品本身及其危害认识有限，应将相关的化学专家和健康专家邀请到会场，让其在合适的时候提供专业意见。第二，在对话结束工厂整改一段时间之后，应考虑再召开一次圆桌对话。圆桌对话本身有发现问题、推动问题解决的功能。通过再开圆桌对话，一是对前期改进工作是一个认可；二是对企业做不到的，群众可以理解和谅解；三是对有一些企业没有做到，但群众期望其做到的，又可以提出新的要求，充分发挥圆桌对话的魅力。

（二）噪声污染领域圆桌对话案例

江苏亿鸿纸业有限公司噪声环境信访圆桌对话

时间：2012 年 8 月 24 日下午 3 时 30 分

地点：娄庄镇人民政府三楼会议室

主持人：娄庄镇党委副书记刘海峰

参加人：信访人曹爱国；被举报单位江苏亿鸿纸业有限公司法定代表人洪永刚；市信访局彭兴业；市环保局王长虹、朱芳芳、申亚桥；市环境科学研究所朱智强、黄凤珍；市镇人大代表王志云；娄庄镇生态家园协会陈勇；娄庄村村干部徐曙、朱亚光；娄庄村村民代表邓学英、洪大福、徐素华；娄庄镇分管领导；本镇公安、司法、环保、信访、监察等有关部门负责人

（1）圆桌对话召开的背景

2012 年年初，江苏亿鸿纸业有限公司附近的一户居民曹某多次举报和上访反映该公司存在噪声污染问题。信访人经常在半夜给当地村干部、12369 打电话举报，声称工厂夜间生产并有噪声，还会录视频、录工厂生产时的声音给他们听。此外，该信访人还先后 8 次到省环保厅越级上访，选择厅长接待日反映情况。多次的信访和电话举报，给相关部门和工作人员带来极大的压力，牵扯了很多精力。

通常情况下，村干部和环保部门在接到信访人曹某的举报电话后，都是第一时间到现场查看情况并检测噪声，检测结果基本合格。具体情况是，企业窗户关上时噪声合格，但开窗时就有点超标。后经过环保部门的多次检测，工厂的噪声基本达标，但信访人并不相信环保部门的测试结果，坚持认为厂房噪声超标，因此矛盾一直存在，没能解决。

后经环保等相关部门了解，该信访人与被举报人在公司建厂之前就曾经因土地问题发生过矛盾。江苏亿鸿纸业有限公司于 2009 年 11 月通过环评审批，

当年 12 月动工，2011 年试生产，2012 年验收。公司建厂时需要征用信访人的一块土地，当时信访人认为企业建址有问题，距离其过近，而且认为在土地测量方面有误差，不同意公司征地，不在有关协议上签字。但事实上，公司建址是合规的，已经通过环评审批，土地丈量也没有误差。于是，企业、村干部等人将土地丈量的记录、企业的整个规划反复向信访人解释说明，让其看相关材料，后来工厂得以建立，但信访人心里一直存有怨气。噪声举报有可能与之前的矛盾存在一定的联系。

为化解信访人和公司之间的矛盾，相关部门先后做了大量的工作，如让信访人所在单位领导给其做工作，信访局也为双方做协调工作，镇党委书记直接找信访人到办公室协调等，但都没有太大作用。

最终，直接负责此纠纷的环境监察中队长和镇环保科长提议由绿色生态家园协会召开圆桌对话来化解此事，后分别请示环保局和镇领导同意后着手准备圆桌对话会议。

（2）对话的前期准备工作

圆桌对话的组织和召开由生态家园协会负责，会议的主持人为娄庄镇党委副书记刘海峰，邀请参会的人员不仅包括信访人、企业法人，还包括市信访局代表、市环保局代表、市环境科学研究所代表、市镇人大代表、娄庄镇分管领导、娄庄村村干部代表、娄庄镇生态家园协会人员、娄庄村村民代表，以及娄庄镇公安、司法、环保、信访、监察等有关部门负责人，共计 20 余人。信访人的母亲及律师也在参会之列。

为使圆桌对话起到应有的效果，会前生态家园协会通过不同渠道找相关的人包括熟人分别对企业和信访人做了工作。针对企业方面，一是让企业意识到，开着窗户生产肯定是有噪声，有影响；二是让企业把窗户全部关掉；三是让企业规范内部管理，做好防护措施；四是告知企业对举报人的合理建议要采纳。针对信访人方面，一是告诉他企业是经过环评验收的，是符合相关规定的；二是从地方发展角度给他讲道理，找相关朋友和熟人与他谈，感化他，让其意识到企业落户本地是在为地方发展做贡献，应支持企业的发展。虽然在会前没有酝酿一个解决方案，但是与利益双方进行充分沟通，对双方的相互理解有积极作用。

（3）对话会议的过程

会议主要针对信访人举报的噪声超标焦点问题进行了发言和讨论，在生态家园协会陈勇简要介绍这起环保信访纠纷形成及协调的有关情况之后，信访人、被举报单位及其他单位和代表依次进行了发言。

信访人曹爱国陈述了信访理由和依据，坚持认为噪声超标，同时否认环评审批期间，他父亲在监测结果上签字，但事实上他父亲确实签过字。针对信访人的信访事项，被举报单位江苏亿鸿纸业有限公司现场进行了回应。为消除误会，化解矛盾，江苏亿鸿企业法定代表人洪永刚在会议现场向曹爱国做出道歉，希望改善双方关系，并提出进一步降低噪声的措施，但信访人拒不接受。姜堰市环保局职能部门负责人从项目审批、验收、监管、监测等方面依据法律法规进行了详细的解释和说明。该负责人指出，江苏亿鸿纸业有限公司从项目审批到验收符合国家的环保法律法规要求，各项污染物排放经监测均达到国家规定的排放标准。举报人曹爱国不尊重客观事实，为达到泄私愤的目的，从2011年至今多次越级去省政府上访，给娄庄镇以及姜堰市带来了较大的负面影响，建议娄庄镇政府采取有力措施，杜绝类似事情的再次发生。居住在被举报企业周围的村民代表认为，企业在生产过程中，噪声是有的，但影响不大，双方以前的矛盾才是根源，噪声不是主要矛盾，双方需要加强沟通。其他代表也发表了各自的观点、意见和建议。

（4）对话会议的结果

根据信访双方当事人的陈述和辩解，市环保局出具的有关法律文书和解释说明，以及有关代表发表的意见，最终经环保局、信访局、人大代表、村民代表及娄庄镇集体会商，形成会议纪要，并提出以下四点意见：

第一，江苏亿鸿纸业有限公司在环保方面从项目审批到验收，严格执行国家有关环境保护法律法规，各种污染物排放经监测均达到国家规定的排放标准。信访人曹爱国举报不实。

第二，江苏亿鸿纸业有限公司为改善双方之间的关系，将进一步采取措施，将噪声降低到最低程度。主要措施包括：一是中午12时到14时，夜间

22 时到早上 6 时，企业不进行生产；二是企业的窗户全部加成双层并固定，安装空调，只开空调，不开窗户；三是严格加强企业内部管理，完善各项环保制度，有专人负责。

第三，信访双方当事人应加强沟通，消除误会，和睦相处。

第四，信访人曹爱国前期的越级上访行为不符合信访条例的有关规定，其反映诉求须合理合法逐级反映问题，不得越级上访，如对姜堰市环保局出具的相关法律文书和监测结果持有异议，可依法向有权部门申请复议。

最终，信访双方当事人及与会代表在会议纪要上签字认可。

值得一提的是，对话的过程中，企业法人代表起初并不能接受窗户固定的做法，因为关上窗户工人上班会很热，但最后还是接受了装空调的建议，虽然增加了成本，但减少了麻烦。同时，信访人也不是十分满意，但在一定程度上已经达到了自己预期的效果，心理平衡了一点。信访人表态，只要企业按照这个要求做，他就不上访了。此次圆桌对话让纠纷双方得到一个都可接受的结果。

（5）会后各方行动

会后，各方采取了相应行动。首先，在生态家园协会和市环保局的监督下，企业按照在圆桌对话会上所做的承诺，逐一完成。其次，生态家园协会进行了跟踪回访，并对信访人做了安抚工作。企业因搬运货物等也会偶尔开一下门窗，而信访人在会后仍安排其家人紧密观察企业门窗开启情况并准备随时举报，通过安抚，让信访人理解环保部门和企业的苦衷，感化信访人。

（6）最后的状态

通过圆桌对话，企业采取各项环保措施降低了噪声，信访人也接受了环保局的鉴定结果，同意不再上访，只是偶尔给村干部打电话反映一些情况，双方关系也有所缓和。

（7）总结、分析和评论

本案例是一个典型的用圆桌对话来解决一对一环境矛盾纠纷的案例。通常，简单的一对一矛盾可以采用行政手段、双方协商或调解的手段来解决，而对于复杂的环境矛盾纠纷，圆桌对话则可以起到很好的效果。在本案例中，信访人表面举报噪声问题，实则是由于前期与工厂的积怨引起的矛盾，单纯地处理噪声问题并不能满足当事人的需求，事件较为复杂。因此前期的行政介入、协商、调解等手段均失效，当信访人不再相信政府等为中立机构时，通过第三方组织圆桌对话来解决这个事情，对话的作用就显现出来了。

此次对话的成功召开，还得益于以下三个方面：第一，会前生态家园协会为当事人双方做足了思想工作，让当事人从不同的角度理解事件本身，有利于对话现场双方达成一致意见。第二，组织和主持对话的第三方的中立态度，对于对话的成功召开奠定了良好的基础。第三，本对话邀请到场的相关部门和专家较多，无论是现场答疑解惑，还是客观上形成的对当事人行为的监督和约束，都有利于问题的解决。

（三）农村污染领域圆桌对话案例

养鸡养鱼户矛盾协调圆桌对话会

时间：2015 年 7 月 30 日

地点：卞四养鸡场

主持人：生态家园协会工作人员

参加人：生态家园协会王宝宽、李林山，养鸡场代表卞四，养鱼场代表周国福

（1）圆桌对话召开的背景

养鱼户周国福花了 5 万元租金承包了近 300 亩的鱼塘，进行高密度养鱼，对通过鱼塘致富寄予很高的期望。而在鱼塘附近，养鸡户卞四养了 17000 余只鸡和 30 多头猪，鸡和猪的粪便没法利用，就直接排到河沟里，污染了与之相连的鱼塘。已经出现因气温高，鱼受到高浓度粪便的影响而死亡的现象，因此，周国福要求卞四解决粪便问题。

为解决粪便问题，养鸡户卞四原本准备建化粪池，但粪便量太大，化粪池起不到很好的作用，而且经过化粪池处理后还是要排入河道，依然会有肥料过剩问题，容易引起鱼塘的富营养化。

当生态家园协会的一个成员了解到这种情况之后，为防止和避免天气逐渐变暖后引起鱼虾大量死亡的情况，主动找生态家园协会会长商量对策，看如何尽快解决这个问题，会长随即决定召集双方进行调解。

（2）对话的过程

协调会在养鸡场内进行。大家主要针对鸡粪和猪粪的出路问题进行了发言和讨论。养鸡户觉得，关于鸡粪和猪粪，目前既没有农户接收作为肥料，也没有道路能够运送出去，所以只能直排河沟。

针对此情况，经大家共同协商之后，决定将粪便变废为宝。因为平时鸡和猪吃的都是玉米、小麦等粮食，不可能完全消化掉，这就可以作为养鱼的好饲料。因此建议养鸡户负责在粪便下河的河沟里建一个淌粪水槽桶，养鱼户负责用船将水槽输送过来的粪便运往河道的各个岔口做鱼饲料，变废为宝。同时建议养鱼户购买增氧泵，防止粪便引起的水体缺氧问题。双方都同意此解决办法，并且承诺在五天内实施解决。

（3）会后各方行动

2015年8月4日，生态家园协会召开了一次跟踪督查会。督查的结果是，养鸡户在8月2日安装了淌粪水槽桶，养鱼户于8月3日就开始运送粪便。养鱼户还购买了4台增氧泵正在安装。

（4）最后的状态

通过协调会，解决了鸡粪猪粪的出路问题，解决了粪便污染引起的死鱼问题，同时还将粪便作为鱼饲料，变废为宝。

（5）总结、分析和评论

本案例是用圆桌对话解决农村典型环境污染问题的一个例子。畜禽养殖废物处理不当会造成农村环境污染，影响其他农户的生产和生活，使他人利益受损。而这些废物又是"放错了地方的资源"，通过科学合理的处理处置，可以变废为宝，实现物质能量的循环再利用，达到经济和生态效益的双赢。本案例中，双方矛盾化解的关键在于，通过沟通找到了一个处理鸡粪猪粪的可行的科学方案，不仅解决了死鱼问题，还将粪便变身为鱼饲料，从根本上解决了鸡粪猪粪的出路问题。

（四）社区治理圆桌对话案例

1.和平村社区新工区集中整治乱搭乱建问题圆桌对话会议

时间：2014 年 5 月 13 日上午

地点：东林街道和平村社区五楼会议室

主持人：和平村社区党委书记郑昕

参加人：经开区执法局代表、东林街道代表（派出所、党工委、城管科）、社区居委会代表、违建户代表（11 人）、普通居民代表（10 人）、民营私营经济协会代表、政协代表，共 32 人

（1）圆桌对话召开的背景

和平村社区有 15 个老旧区，共 69 个楼栋、2300 户居民，约 6000—7000 人。辖区居民按照入住先后，可分为两类：一类是原有辖区工矿企业职工，占比 60%；另一类是 2014 年周边乡镇拆迁农户，占比 40%。其中，新工区小区是和平村社区的中心区，有 54 个楼栋，772 户，2933 人，人数占整个社区 1/3 以上。小区周边环境比较复杂，有餐饮、学校、步行街、农贸市场，流动人口较为密集。

社区通过每月召开座谈会和每周入户走访等方式，收集了解辖区居民对居住环境的意见，其中有关占道经营和乱搭乱建问题反映集中。问题的主要表现：一是沿街门面占道经营严重，影响居民出行；二是新工区小区附近是进盛中学，居民把居住房改为商业用房，在小区内开饮食店，在居民公用地带摆摊设点，占道经营。占道经营和私搭乱建的饮食店、车棚等使得小区环境混乱，影响了居民的出行，阻塞了消防通道，具有一定的安全隐患，同时居民之间也曾因违章建筑发生过激烈的冲突。

鉴于该问题涉及群体人数较多，此前也有居民向社区多次反映和信访，问题也较为复杂，社区决定召开圆桌对话会议集中解决乱搭乱建问题。对话的目标主要是实现：①能拆的违章建筑都要拆除，减少信访；②在拆除的过程中，违建户的利益应该予以维护，最好能给予一些补贴；③通过整治乱搭乱建问题，全面影响带动本区"创建国家卫生区"的工作。

（2）对话的前期准备工作

为开好圆桌对话会，会前，社区做了充分的沟通和准备工作。一是走访了区市政执法局，详细了解拆除违章建筑、整治乱搭乱建的相关法律法规和政策，争取执法局的支持；二是与居民组长和居民代表进行座谈，探讨解决问题的途径，并了解居民的期望。此外，社区还走访了民营私营经济协会等部门，走进社区家庭收集和了解相关情况，并重点做好"钉子户"等的思想工作。

完成上述工作之后，圆桌对话会定于 2014 年 5 月 13 日上午召开。会议由和平村社区党委书记郑昕主持，并分别发出会议通知邀请经开区执法局代表、东林街道代表、违建户代表、普通居民代表、社区代表共 32 人参加会议。

其中，关于违建户参会代表的选取，社区主要考虑邀请社区中有较大情绪、煽动性强的人，以及核心的、具有带头作用的人参会，这些人的意见具有代表性，通过参会，其思想的转变可以带动其所在的群体，有利于后续工作的顺利开展。在邀请违建户代表参会的过程中，社区做了很多工作，包括多次的沟通和交流，42 户违建户中邀请了 15 户参会，实际参会 11 户，其余 4 户主要以工作忙没时间为由未能参会。

同时，会议也邀请了社区的一些普通居民代表，他们大多是之前反映过乱搭乱建问题的信访人，也多是居民推举的参会代表，共 10 人，其中 4 个为居民组长。

（3）对话会议的过程

会议主要针对拆除违章建筑问题开展，责任相关方违建户代表先发言，然后由居民代表发言，最后由街道等相关部门发言。三方发言结束后进行自由交流。

会上，违建户代表表示，已经认识到乱搭乱建行为影响了社区其他居民的利益，但自己的利益也需要得到维护。

受害居民代表认为，公共区域搭建的车棚、居民区内摆设的摊点和沿街门面占道经营严重妨碍了居民的日常通行，尤其是在学校上学放学高峰时期，应该加强整治，违章建筑应该拆除。

区城管执法局代表表示，居民要清楚违章建筑带来的危害，不能放任乱搭乱建行为。执法局将积极争取经开区管委会的大力支持，以创建国家卫生区为契机，城管执法部门、公安、街道、社区以及经开区相关部门联动，对违章建筑进行拆除，并规范门面雨棚。

社区居委会代表也表示，社区相关工作人员将根据会议提供的线索和接下来实际摸排情况整理汇总，尽快将违章建筑情况上报街道城管科。

值得一提的是，在会议进行的过程中，市政执法局表示，有一项违建户拆除违章建筑给予每平方米80元的补贴标准的政策，这是社区和居民在会前都不了解的情况，这一补偿使得违建户更容易接受违章建筑拆除的安排，也更有助于问题的快速解决。

（4）对话会议的结果

会议经过认真讨论，经市政执法局提议，就相关问题达成一致意见，并形成会议纪要，主要的意见包括：

① 会议认为违章建筑在社区比比皆是，特别是新工区背靠进盛中学，有少部分人私自搭棚经营小食店，必须整治，否则大家都乱建。另外，占道经营影响居民正常出行，堵塞消防通道，同时也有损市容市貌。

② 会议要求此次集中整治乱搭乱建活动，由和平村社区城管具体摸排违章建筑，并梳理后统一报街道城管办。

③ 会议决定执法由经开区市政执法局牵头，东林派出所协助，社区协勤全力配合。社区成立拆违领导小组，并有应急预案。

④ 会议强调一定要做好违章建筑群众的思想工作，对一些有违章建筑的群众，对违拆工作认识有偏差、理解不够、思想有抵触情绪的，通过违拆组一对一做思想工作。做到思想到位、工作到位，严禁矛盾激化。

此外，结合关于违章建筑拆除的政策支持，执法局在会上提出两点建议，得到参会代表一致认可：一是一定要拆除违章建筑；二是执法局对于拆除建筑给予80元/平方米的补贴。

（5）会后各方行动

在圆桌会议结束的当天下午，社区和市政执法局工作人员等就逐一到违建户家中签订拆除协议，42户违建户全部签字，并将签字协议提交执法局；社区对违建户拆迁顺序做了安排①，执法局用了两天时间拆除了 39 户违章建筑，其余 3 户因家中有高考生，承诺在高考结束后拆除，最终高考结束后执法局将其拆除。

需要说明的是，对话会上并未明确具体的拆迁工作由执法局承担。根据拆迁补贴政策，每平方米 80 元补贴是拆迁人工费，理论上拆迁工作应由居民自己负责。但在会议当天下午签拆除协议的过程中，许多居民反映说自己拆迁有困难，希望由自己出资、社区帮忙拆迁，社区没有专业的拆迁队伍，后联系执法局，执法局考虑到当前正处于"创建卫生区"期间，可以免费帮社区拆除，补贴费照发。

（6）最后的状态

42 户违章建筑全部拆除，占道经营得以整治，店铺经营规范有序。虽然在违章建筑拆除过程中也出现了一些新的问题，如雨棚直接拆除后导致飘雨进屋的问题，但后来通过统一规范雨棚规格（不超过 1.5 米），解决了飘雨问题，也不影响市容市貌。

（7）总结、分析和评论

本案例中，通过圆桌对话将多个违建户代表召集到一起，听取受害居民代表的发言，以及相关部门的解释说明，最终使其真正认识到违章建筑带来的危害，并在各方压力下接受违章建筑拆除，是本次圆桌对话解决问题的关键，这是传统的协商和调解方式所不能解决的。当然，在圆桌对话上执法局宣布的拆除补贴政策，以及后期基于"创建全国卫生区"大背景下免费帮助拆迁等，都是推动违章建筑顺利快速得以拆除的重要因素。

此外，除相关政府部门代表和社区代表外，此次会议还邀请了民营私营经济协会代表、政协代表等参加，帮助违建户更好地换位了解和思考违章建筑对居民的影响，同时发挥了政府部门所不具备的中介作用和监督作用，有利于会议达成一致意见。

---

① 考虑到有部分违建户虽然接受了会议形成的意见，但并不十分情愿自己的违章建筑被拆，因此社区通过做工作，决定先从"钉子户"入手拆迁，并安排了违建户拆除顺序。

2. 和平村社区危旧房改造问题圆桌对话会议

时间：2013 年 10 月 24 日

地点：和平村社区五楼会议室

主持人：和平村社区党委书记郑昕

参加人：危旧房居民代表（20 人）、东林街道代表（党工委、街道办事处、安监办、城管办、经发办）、社区代表，共 40 余人

（1）圆桌对话召开的背景

据统计，东林街道和平村社区共有危旧房居民群体 397 户，1275 人，危旧房面积达 22890 余平方米。大多数危旧房均为 20 世纪 50 年代的房子，主要特征为：房屋结构特殊，功能不全；年代久远、多年失修，尤其在夏冬两季，房屋极易发生垮塌和火灾，存在极大的安全隐患。

危旧房中的住户大多是老年人及生活困难的弱势群体，本身没有能力对房屋进行改造。在 2006—2007 年，万盛区曾组织过一次工矿棚户区改造，主要由中央财政和地方财政出资改造，居民只出少量的资金。当时这片社区的危旧房也列入了改造的范围，根据政策，政府可以对居民进行原地安置、异地安置或提供经济补贴，但由于当时有 17% 的住户不同意在协议上签字，导致改造的计划被搁置下来。而附近其他小区由于大家比较齐心，都统一签字，危旧房得到了改造。

同时，由于曾经被列入危旧房改造范围，和平村社区的危旧房被冻结，不允许自行修缮，而且危旧房中的住户都是弱势群体，也没有能力对房屋进行改造。但这些危旧房年久失修，存在安全隐患大、基础设施欠缺等问题，危旧房的住户非常盼望改造，希望社区和政府能够帮助他们解决这个问题，同时还抱怨之前没有改造是由于政府没有做好居民的工作，并形成了一个上访的群体。他们一边向社区反映一边又担心社区不把具体情况向上面的部门反映，于是每周都到区里去上访，连续上访三个月，但由于没有相关的政策，这个问题并没有得到解决。

街道、社区了解危旧房的状况，也非常担忧危旧房安全问题。为尽快推动危旧房改造工作，社区前期进行了大量的摸底调查工作，并建立和完善了危旧

房基础信息台账，但由于政策、市场、思想基础等多方面的原因，危旧房改造工作一直未得到落实。和平村社区通过多次院坝会与居民的思想碰撞，决定召开危旧房群体圆桌对话会，希望通过圆桌对话形式达到相互交流、相互沟通、相互理解的目的，从而为实施危旧房改造营造良好的群众基础做准备。

（2）对话的前期准备工作

在召开圆桌对话会之前，社区首先进行了多方走访。最先走访的是每周都上访的居民群体，了解他们的真实想法，并征求他们的意见。征询他们，如果能够邀请到区里的部门参加圆桌对话，他们是否愿意参加，居民表示愿意参加。之后，为准备圆桌对话，社区和街道信访办还到区里的城管等部门进行了走访。

为更好地召开圆桌对话，街道还牵头召开了筹备会，社区和区里的部门代表参加，讨论对话会着重解决的问题。会议明确，危旧房改造暂时没有政策，无法改造，开展圆桌对话的目的就是让大家加强沟通理解、化解情绪，让居民代表了解国家、市、区等不同层面的政策，以及区里已经开展的工作。同时，也让区里的代表和老百姓面对面沟通，了解居民群众的真实情况和需求。

会议由和平村社区党委书记郑昕主持，通过发出会议通知邀请各代表参会。参会的人员有：危旧房居民代表20人、街道代表（党工委、街道办事处、安监办、城管办、经发办）、社区代表等共40余人。

关于危旧房居民代表的选取，主要由居民组长召集全体居民共同开会决定，社区只是提出一些选择的原则供参考：第一是能够清楚、切要地表达问题和诉求的人；第二是有组织能力的、在群众中有一定威信的人；第三是家里有特殊情况的，如鳏寡老人、残疾人等，这部分人可能有特殊要求和愿望。

（3）对话会议的过程

会议主要针对危旧房改造问题进行了讨论，先由危旧房居民代表发言，然后是街道、社区代表发言，最后是自由交流。

会上，居民代表主要讲述了危旧房安全隐患等问题及其需求。他们提出，危旧房中居住的大多是老年人等弱势群体，发生安全事故逃生能力弱，对房屋修缮改造的能力非常有限，危旧房急需得到改造。此外，他们还表示，对于将来危旧房改造过程中的"钉子户",他们会站出来说服,对改造工作有信心。

街道和社区的代表表示,各级政府部门及社区对此事非常重视。在了解危旧房情况后,社区和街道已将情况如实向区里进行了反映,上级部门高度重视,规划局的局长也来考察和了解过问题。街道已经多次给区里交了材料,积极争取区级调查,积极开展招商引资,在区两会期间也专门组织人大、政协提案,但关键是现在政府没有相应的政策。同时指出,加快城市棚户区的改造是东林街道最大的民生问题。

最后,社区代表和街道代表都表态,如果此问题不解决,将不调离现在的岗位,这极大地鼓舞了居民代表,并引来所有与会人员的阵阵掌声。

(4)对话会议的结果

本次对话会议旨在增进居民与政府、社区之间的相互理解,没有提出具体的解决方案。最终街道和社区代表提出四点建议,并写入会议纪要:

第一,恳请大家对今后施工进场工作多支持;

第二,如果拆除,大家一定要共同做工作;

第三,如房子存在安全隐患,在不能排危的情况下居民投靠亲友;

第四,建立周边群众自我联防、避险的意识。

(5)会后各方行动

会后,社区和街道做了一些工作帮助棚户区居民,一是街道领导和党员等对棚户区弱势群体进行一对一帮扶;二是社区采取了一些减少危旧房安全隐患的措施,如危险电线改造,在棚户区安排安全检测员进行检测,在居民家中安置灭火设备,在公共区域设置消防器具等。此外,会后一段时间,自建房也可依据政策申请鉴定危房级别,达到一定的危房级别可以自己修缮重建。

(6)最后的状态

通过圆桌对话,加强了群众对政府和社区工作的理解和支持,群众的情绪得到了缓解,危旧房虽没有得到改造,但群众不再上访,信访问题得到有效解决。同时,政府部门也了解到问题的真实情况和百姓的需求,对政府工作也有一定的促进作用。

（7）总结、分析和评论

本案例中危旧房改造属于民生问题，是老百姓最关心的问题，但由于政府没有相关的政策，问题一直被搁置，产生了严重的信访压力。此次圆桌对话虽然并没有解决居民关注的危旧房改造问题，但却有效地化解了信访问题。关键在于，通过圆桌对话，老百姓和政府部门的代表能够面对面坦诚对话，老百姓能够更深刻地理解事情本身的复杂性，了解最新的政策情况，了解政府现在能够做什么，做不了什么，已经做了什么，居民的情绪得到缓解，不再上访。同时，通过对话了解到居民的真实想法和需求，对政府部门的工作也有一定的促进作用。

3. 腰子口社区乐业家园（楼道）路灯安装问题圆桌对话会议

时间：2013 年 2 月 26 日下午

地点：东林街道腰子口社区居委会会议室

主持人：腰子口社区书记何兵

参加人：矿业公司生活服务公司鱼东经营部代表（1 人）、腰子口社区居委会代表（2 人）、腰子口社区居民代表（8 人）等，共 11 人

（1）圆桌对话召开的背景

乐业家园小区有居民 173 户，全部是棚改后新建的房子。棚改结束时楼道路灯安装完好，但由于居民入住持续时间长，从入住开始到结束前后持续一年多，其间楼道路灯外部线路被盗。辖区入住居民 40% 以上是老人，晚上没有路灯出行很不方便，居民盼望小区楼道能早日安上路灯。

为此，社区居民首先找了棚改办，棚改办是临时单位已经撤销；然后，居民又找了施工单位，施工单位称完工时楼道路灯已经全部安装完毕并移交，自身没有任何责任。之后，居民开始到社区居委会反映，后到供电局、规划建设局集体上访，要求安装楼道路灯，但事情一直没有得到妥善解决。

考虑到此事件涉及的人数较多，事件较为复杂，社区居委会决定以圆桌对

话方式协调解决。社区首先联系了矿业公司生活服务公司鱼东经营部，希望对方能够帮助小区居民安装路灯。之所以联系该服务公司，不仅是因为该公司负责本小区的供电系统，更重要的是，路灯的问题急需得到尽快解决，如果寻求供电局等政府渠道解决，程序较复杂，所需时间也较长，无法满足社区居民的迫切需求。社区希望生活服务公司鱼东经营部相关负责人能够帮助小区免费安装路灯，居民可以出电费，并尽量满足其集中收费的要求。生活服务公司鱼东经营部负责人提出，需要向公司领导请示后给予答复。后考虑到居民中90%以上是矿业公司的职工和家属，如果职工上下班因为没有路灯照明出了问题算工伤，生活服务公司同意提供帮助，免费安装路灯。

虽然生活服务公司同意免费安装路灯，但路灯安装方式①、电费收取方式及收取的金额等问题②，还需要生活服务公司、居民代表等一起通过圆桌对话共同协商。

（2）对话的前期准备工作

会议由腰子口社区书记何兵主持，通过会前发送会议通知邀请相关人员参会，参会人员主要包括：矿业公司生活服务公司鱼东经营部代表、腰子口社区居委会成员、腰子口社区居民代表等11人。

其中，社区居民代表8人，主要是选取对事情了解比较多的人、频繁上访的人，希望通过他们全面了解居民的想法，并共同探讨解决问题的可行办法。

会前，社区已经提前估算了小区路灯所需电费的大致金额，并制定了一个基本的解决方案，希望通过对话共同探讨并最终确定下来。

（3）对话会议的过程

会上，针对路灯安装问题，先是主持人介绍了路灯安装问题的基本情况及调查的情况；然后是社区居民代表发言，表示没有路灯出行不方便，同时希望

---

① 主要是指路灯的安装从楼道哪户居民家里拉线等问题，路灯的安装方式直接影响到路灯的开关由谁控制，电费怎么出等问题。

② 有一个历史背景是，改制前小区的物业管理由矿业公司承包，路灯的安装维修费用及电费等由矿业公司负责，居民已经习惯了各种免费服务，改制后小区已经脱离了矿业公司，但让居民自己掏电费也需要共同协商。

问题能够被尽快解决、免费解决；最后是矿业公司生活服务公司鱼东经营部代表发言，他表示，公司同意帮助社区免费安装，免收搭伙费，但需要确定路灯安装方式，同时希望集中收费，不可能每户收。而居民代表则提出，电费不可能安排专人收，同时也不希望楼道的路灯从某一户拉线。

（4）对话会议的结果

最后，经主持人提议，经过大家的发言、讨论和协商，最终达成一致意见，并形成会议记录，主要内容如下：

第一，由生活服务公司鱼东经营部免费安装路灯，并免收搭伙费。

第二，电费由物业管理费统一支出。

第三，社区负责安装阶段的协调工作。

在会上，大家还一致同意楼道安装声控灯，以方便每户居民使用；同时，在原来的物业费基础上每月每户每平方米多收一毛钱，用于电费、路灯维修维护、小区绿化三项，电费由物业费统一支出，方便生活服务公司鱼东经营部集中收费。

（5）会后各方行动

会后，矿业公司生活服务公司历时半个多月施工建设，乐业家园楼道路灯全部安装到位；在整个施工过程中，社区及时跟进和协调；路灯安装结束通电后，社区于2013年3月31日向大家公示"关于乐业家园安装路灯圆桌对话会执行结果"，对社区居民做了一个满意的交代。

（6）最后的状态

截至2013年3月底，小区楼道路灯全部安装完毕并通电使用，居民十分满意。

（7）总结、分析和评论

本案例中，社区楼道路灯线路被盗导致居民出行不方便问题，没有明显的责任相关方。社区居民认为自从搬进来就没有路灯，相关部门应该尽快免费安装；而其他施工单位或者相关部门也觉得自身对此事没有责任。在此情况下，联系到与社区居民有历史渊源的矿业公司生活服务公司，来与社区居民共同召开圆桌对话，共同探讨解决问题的方案，不失为一种解决此类问题的非常好的方式。与其他圆桌对话不同，此次对话不是化解一个矛盾纠纷，而是针对老百姓的需求，大家一起共同探讨解决问题的方案。如果不通过圆桌对话，与多名社区居民共同商定费用收取方式和收取的数目等问题，即便是有机构免费帮助安装路灯，路灯的问题也不一定能够得到妥善解决。

4. 鱼田堡社区"老旧住宅楼化粪池清掏问题"圆桌对话会议

时间： 2014 年 2 月 17 日上午 9 时 30 分

地点： 东林街道二楼会议室

主持人： 东林街道主管办统战委员罗阳

参加人： 东林街道办事处代表、万盛经开区市政局代表、鱼田堡社区居委会成员、鱼田堡煤矿工会主席、鱼田堡小学代表、鱼田堡社区居民代表（11人），共 18 人

（1）圆桌对话召开的背景

鱼田堡社区的住宿楼均为老旧居民楼，由当地煤矿建于 20 世纪 80 年代末 90 年代初。最初，煤矿负责房屋的维护工作，后由于体制改革，房屋产权归属于居民，加之社区内没有物业公司管理，所以日常维护工作由居民自行负责。这些房屋年限较久，化粪池容量小，已不能满足居民日常所需，经常发生堵塞，安全问题严重。之前居民自行清理过多次，基本是哪里堵清哪里，或者自行改道，达不到彻底清理的效果。但如要整体清理的话费用又过高，居民承受能力有限，且辖区住宅楼均无大修基金。于是居民组长提出，希望由相关部门或协同煤矿单位共同去解决这个问题。

居民曾向当地煤矿、居委会多次反映这一问题，煤矿的正常生产活动因为居民的频频造访也受到了一定程度的影响，因此煤矿方面也希望此问题能够得到妥善解决。社区居委会在听到居民的反映后，经过核实将实际情况全部汇报到街道的城管办。城管办了解情况后提出举办圆桌对话，旨在通过各方的合作、帮扶，对存在问题的 10 个化粪池进行清掏，彻底解决鱼田堡社区化粪池堵塞的问题。

（2）对话的前期准备工作

圆桌对话会议由东林街道提议举办，社区配合进行组织筹备工作，由街道主管办统战委员负责主持。邀请参会的人员除鱼田堡社区居民外，还有辖区设置的各单位代表，包括东林街道办事处代表、鱼田堡社区居委会成员等。因为事件涉及的居民大多是煤矿的职工、退休职工或家属，所以通知了鱼田堡煤矿。另外，考虑到鱼田堡小学也是服务于当地居民的一个机构，万盛经开区市政部门是鱼田堡社区的联系单位，对社区有一定的帮扶功能，所以也邀请了小学和市政局参加会议。

居民代表由每幢居民楼的居民自行推选，一共三个居民小组，每个小组推荐三位居民代表，其他居民可自愿参会。社区居委会于会议两天前发布了会议通知，通知 14 位居民按时参会，实到居民 11 人，没到场的 3 位居民可能因临时有其他事情而缺席。

会前，社区针对此问题拟定了一个初步的解决方案。方案本着"谁受益谁负责"的思想，提出居民必须要承担一部分清掏费用，同时考虑煤矿和市政局给予一定的帮助和支持。会前，社区还与各单位进行了沟通，各方承诺会承担一部分费用，但数额不确定。同时，会前，社区还召开了一个居民小组会，把初步想法对居民进行了传达，征求居民的意见，寻求更好的建议。

（3）对话会议的过程

会议主要针对化粪池清掏费用这一焦点问题进行了发言和讨论，在社区代表简要介绍基本情况和所测算的大致所需费用之后，居民代表自行陈述化粪池问题的严重性，其间与其他部门也有交流，比如求助这些部门的原因等。然后，各个单位各个部门针对化粪池清掏费用进行表态，最后由主持人进行总结。居民及各单位从各自角度出发，都希望尽快解决这一问题，只是在圆桌对话前，没有一个比较好的方式。

（4）对话会议的结果

对于化粪池清掏费用问题，万盛经开区市政局、东林街道、鱼田堡煤矿、鱼田堡小学等各个单位在会议上当场表态并做出承诺，煤矿赞助 10000 元，小学、街道、市政局各 5000 元。居民代表也承诺共同支付剩下的费用。会议主要是各方口头承诺，并没有形成协议和会议纪要。

（5）会后各方行动

会后，东林街道办事处与各单位财务人员联系，确保资金到位，各方均按照承诺进行了相应的赞助。

之后，东林街道进行了招标工作，于 2014 年 3 月 4 日—6 日发布了《分散采购招标文件》，对东林街道鱼田堡社区 10 个化粪池清掏整治分散采购。重庆渝山环卫有限公司中标并针对每个化粪池制定了清价表，10 个化粪池的工程总造价在 12439—17777 元不等。

通过核算，居民需要承担的部分约占总价的 20%，平均每户承担的费用从 15—40 元不等。其后，参会的居民组长到各个居民家中收集清掏费用，大部分居民都很支持并交了钱，对于第一次没收到钱的住户又进行了重收，最后只有几户因无人居住没有收钱。由于社区没有统一的账户，收取的费用先转到街道的账户上，再转给社区，然后统一支付清掏费用给清掏方。

施工队清掏时居民小组代表进行了全程监督。先前清掏方承诺，如果一年之内有堵塞，则免费进行第二次清掏。之后只有一个化粪池由于管道问题进行了二次清掏。

（6）最后的状态

历时两个半月，对鱼田堡社区 10 个住宅楼化粪池进行了全面清掏，化粪池堵塞问题得到了彻底解决，居民对此十分满意。

（7）总结、分析及评论

综观这一案例，圆桌对话作为解决问题的方式有其独特优势。与传统的解决方式相比，圆桌对话更加公开透明，社区及上级部门不再是高高在上，而是和居民平等交流，居民的参与感大幅度提升。同时对话有助于问题的根本解决，对话的公开性、舆论效应、后续的媒体宣传等对各方均有一定的监督约束作用，可驱使各方做出承诺并切实履行承诺，对话还能刺激各方出更多的资金用于解决问题。

在本案例社区，由于很多居民是煤矿员工或家属，房子以前也由煤矿管理，所以居民对煤矿有一定依赖心理，认为所有事情都应由矿上负责。通过圆桌对话，帮助居民转变了这种思想，并使他们对相关部门的职能工作有了更清楚的了解，对居民也是一种宣传教育。通过圆桌对话，参会各方对彼此有了进一步的理解。

5. 铁路村社区铁路一村 71 号楼电网改造问题圆桌对话会议

时间：2012 年 10 月 3 日

地点：东林街道铁路村社区会议室

主持人：铁路村社区书记韩晓凌

参加人：东林街道代表、铁路村社区居委会代表、南桐矿业公司生活服务公司代表、南桐矿业公司机修厂代表、71 号楼社区居民代表（13 人），共 35 人

（1）圆桌对话召开的背景

铁路一村 71 号楼是铁路局家属楼，修建于 20 世纪 70 年代，有居民住户 12 户，大多是铁路职工或职工家属。71 号楼民用电多年来一直搭用南桐矿业公司机修厂生产工业用电，存在电压不稳、电路老化、费用较高等问题。每当机修厂大的车间进行电焊等工业活动时，居民家中的灯便会闪，电压最低只有 100 多伏；每到夏天用电量增大时就长期停电，电视、冰箱、空调等电器无法正常使用，时有因负荷过大而导致的电路、线板烧坏情况发生；经常发生火灾，曾在一年内发生 3 次火灾，存在严重的安全隐患。此外，71 号楼拥有的供电线路中，30% 是工业用电，70% 是民用电，每度电居民要交 0.8 元左右的电费，高于其他居民的电费。在收入较低的情况下多交钱，居民心中也有不满。

居民向南桐矿业公司机修厂反映过电路问题，希望其采取措施稳定电压，但是由于实际生产需要，机修厂无法解决这一问题。居民也曾多次向铁路局和矿业公司生活服务公司反映，因该栋房屋产权属于铁路局，而用电由矿业公司生活服务公司管理，两个单位相互推诿。此间，居民不断上访，同时居民也向社区进行了反映，社区进而反映给街道，万盛区委给成都铁路分局去函四至五次，均没有得到任何反馈。

71 号楼属于东林火车站成都铁路分局建设段，而建设段总部在成都，在

万盛没有分理处，因此不容易找到相关负责人。由于担心建设段回头责备社区擅自解决，因此该问题一直被拖着未能解决。社区曾让居民通过自身的沟通渠道（毕竟他们是单位职工或家属），向建设段反映这个问题，阐明如果建设段不予解决，社区或居民可能会自行解决这一问题，建设段也已经了解大致情况。

71号楼电路问题困扰了住户10多年，该楼居民都想对该栋楼进行"一户一表"电网改造。同时，南桐矿业公司机修厂因为消防部门常常将该楼火灾归因于其安全事故，也想改造线路，不想再让居民继续搭用自己的电。铁路村社区居委会接到群众反映后，和街道领导一起，与南桐矿业公司机修厂及矿业公司生活服务公司协调，提出开展圆桌对话，对话目的在于通过召集各方交流讨论，解决铁路村社区铁路一村71号电网改造问题。

（2）对话的前期准备工作

最初，社区希望通过圆桌对话，在居民不出钱的前提下解决这一问题，但是电网改造要求"一户一表"，存在电表初装费即成本费的问题。因此，对话前社区召集部分居民代表开了小组会，征询居民的意见及可接受的承担费用。居民普遍觉得电表费市场价400—500元有点高，且企业改制之前涉及房屋问题时均是由企业掏钱，现在要居民自己掏钱心里会不舒服，经协商后居民表示200—300元可以接受。

之后，社区找南桐矿业公司生活服务公司协调，公司也同意只收成本价300元。有两户家庭稍微困难的，可通过相应的政策对其进行资助。

基于此，社区于会前形成初步的解决方案，即由生活服务公司负责室外线路的改造费用，室内的线路改造以及电表初装费用由居民自行负责。

铁路村社区居委会邀请了南桐矿业公司生活服务公司以及南桐矿业公司机修厂参加对话会议，并于对话前5天发布了针对相关居民的会议通知，要求每户居民按时参加。涉及住户只有12户，共13个居民代表参加会议，每户都有人参加。

（3）对话会议的过程

会上，在主持人介绍大致情况后，居民代表陈述了电路存在的问题及电网改造的要求，并希望将该楼供电权交由矿业公司管理。然后，辖区相关单位负责人发言，表示会充分听取各位居民的意见，及时向领导汇报，早日解决居民反映的问题。最后，南桐矿业公司生活服务公司代表发言，指出矿业公司本没有义务管理铁路局的房子，但考虑到多数居民是矿业公司的职工或家属，同意免费对室外老化的线路进行改造，而室内的线路由居民自行负责，电表的费用也由居民负责。由于之前已经形成了初步的协议，圆桌会议中不涉及相关费用的讨论，只是将方案最终确定了下来。

（4）对话会议的结果

会议中，71号家属楼与矿业公司共同提出签署《关于供电设施权属协议》，铁路村社区作为签证单位，甲方为铁路村社区71号家属楼，乙方为矿业公司代表张国庆。双方约定达成了以下处理协议：一是甲方自愿将该路段的供电设施所有权无偿转让给乙方，由乙方负责管理，并有权对其进行转让或处置，甲方不得干涉；二是自双方签字之日起，该处供电设施所产生的一切安全问题及其他纠纷均由乙方负责，与甲方无关。甲乙双方均在协议上签字，签证单位盖章。

通过对话和协商，参会代表达成一致意见，并形成会议记录：通过召开圆桌对话，充分听取居民对电网改造意见，由铁路局与矿业公司生活服务公司协商，共同出资对铁路一村71号楼进行电网改造，涉及居民住户"一户一表"的部分金额由居民出资300元，老化的线路问题由矿业公司生活服务公司管理解决。

（5）会后各方行动

会后，该楼用电交由矿业公司生活服务公司管理，铁路局与矿业公司生活服务公司共同出资，对室外老化的线路进行了改造，室内线路"一户一表"的部分金额（300元）由居民自行负责。

具体的施工，由两个居民代表监督，以保证施工质量，同时防止损害和破坏用户家中的物品。

（6）最后的状态

通过为期一个月的电网改造，该楼居民的用电问题得到彻底解决，施工质量也比较好，居民对此非常满意。

（7）总结、分析和评论

这是一个典型的社区帮助居民联系相关单位通过圆桌对话共同解决问题的案例。在此案例中，71号楼的居民有改造电网的需求，但南桐矿业公司机修厂与生活服务公司均没有承担71号楼电网改造费用的义务。若完全由居民出资，在经济上也有较重的负担。因此，单单依靠居民自身以及社区，并不能较好地解决这一问题。

考虑到电网改造后可以避免居民造访对矿业公司机修厂正常生产活动的干扰，以及居民有意愿将供电设施权属交由矿业公司，所以社区联系各相关方并召开圆桌对话，通过对话加强彼此的理解与支持，整合相关资源，实现和达到了各方共同出资、共同制定方案、共同解决问题的目的。

6. 铁路村社区铁路一村 30 号棚改安置房质量安全问题圆桌对话会议

时间：2015年5月20日上午

地点：东林街道铁路村社区居委会会议室

主持人：东林街道统战员罗阳

参加人：区规建局代表、区国土房管局代表、施工单位代表、东林街道办事处代表、东林派出所代表、铁路村社区代表、区棚改指挥部代表、铁路一村30号楼居民代表（31人），共41人

（1）圆桌对话召开的背景

铁路一村30号楼系万盛东林供应处门球场地块棚改工程，位于万盛区东林门球场，是一栋七层砖混结构房屋，建筑高度21米，建筑面积约5000平方米，工程建设单位为重庆万盛国有资产经营管理有限公司，设计单位为广州南方建筑设计研究院，施工单位为重庆江津区马宗建筑安装有限公司，监理单位为重庆建新工程监理有限公司。

铁路一村30号楼改造项目于2008年6月开工建设，2009年验收投入使用。2009年居民入住以后，部分居民反映房屋存在厕所漏水及墙体、楼板、楼

梯、窗台、门洞开裂缝等情况，当时的区棚改办指挥部还未撤离，随即在 2009 年对房屋进行了部分维修处理，但过后问题依然存在。

后区规建局又委托中国人民解放军后勤工程检测中心于 2011 年 7 月至 2012 年 3 月对房屋进行检测，鉴定结果为：该工程砌体结构构件安全性为 Bu 级，可继续使用，局部需要整改。但居民对此结果并不认可，并差点与规建局和鉴定专家发生冲突，因为在鉴定的过程中，鉴定单位并没有按照相应的程序走，没有使用任何检测仪器和设备进行专业鉴定。之后，居民不再相信规建局等部门，拒绝听取规建局等部门的解释，希望自己找公司进行鉴定，但由于这种行为不符合法律规定而无法成行，因此居民意见很大，开始通过不同渠道信访，找社区、街道、经开区及市里相关部门。

2014 年 5 月，由于连降暴雨，雨水从裂缝进入室内，再加上浙江奉化房屋倒塌事件作为导火索，二十多位居民再次找到社区，反映房屋存在严重安全隐患，社区随即选派三名代表到经开区信访办反映，同时将情况向街道、区规建局反映，但因为涉及部门太多，一直未能解决。

2014 年，党的群众路线期间，经开区领导到社区调研、收集群众问题时，社区将此问题作为专题向领导反映，领导非常重视，于是重新找鉴定单位。为使鉴定结果令人信服，再次鉴定前社区组织召开了一次会议，要求在鉴定过程中，将鉴定的数据和结果等全程鉴定资料都给居民一份，有居民签字认可才能认定鉴定结果，同时选取 7 个居民代表参与鉴定过程，最终鉴定结果是 Bu 级，居民对结果也比较认可。

鉴定后，居民表示愿意整改。于是，2015 年年初确定了施工方案，并于 1 月份对所有施工材料进行了公示，计划 2 月底 3 月初进行施工。但此期间有两个比较内行的居民，认为施工方案里对安全措施没有完整的描述，并与施工方发生了激烈的冲突，导致居民拒绝施工方入户施工。矛盾主要集中于三点：一是施工安全问题，居民认为方案里缺乏安全措施；二是施工期间及施工后一段时间内无法入住，由此产生的家庭费用问题的解决没有说明；三是担心施工效果。

社区针对这三个问题召开小型圆桌对话会议，收集居民意见并进行公示，之后又对问题反映较多的居民的意见进行再次收集和汇总，并将其反映给规建局，由规建局对居民意见的合理性进行考证，然后再由社区通过圆桌对话会的形式将规建局的意见反馈给居民。通过几次对话会，包括居民提出的施工效果等问题得到了部分解决，但有关整改具体方案、采用何种材料、居民如何安置、维修协调费的具体数额、居民装修损坏物品的赔偿方式等问题还未得到解决。鉴于此，社区居委会希望通过召开最后一次大型的圆桌对话会议，将这些问题全部妥善解决。

（2）对话的前期准备工作

铁路村社区居委会于 2015 年 5 月 16 日发布了会议通知，通知各位居民会议的时间、地点、主要内容，要求各位居民按时参加。并于 5 月 19 日，确定对话所要解决的关键问题，初步确定主要问题的解决思路和框架。

对话会议的主持人为东林街道统战员罗阳，确定的参会人员除铁路一村 30 号楼的居民、维修加固公司代表外，还有区规建局、区国土房管局、东林街道安监处、东林派出所、信访办、铁路村社区、区棚改指挥部等相关部门的代表。

（3）对话会议的过程

对话针对铁路一村 30 号楼居民反映的房屋如何维修加固、维修协调费、施工过程中的损坏赔偿、房管证等各类问题进行了讨论。在社区书记简要介绍了 30 号楼基本情况、鉴定结果及整改方案后，维修施工单位进一步针对 30 号楼的维修加固进行了详细讲解。但居民对此并不满意，鉴于以往的经历，他们担心有关部门说一套做一套。于是，社区提出了一个想法，先选两户最严重的，处理出来的效果大家满意后再照这个标准继续做，得到大家认可。之后，有十名居民分别从不同的角度反映问题并提问。接下来，相关领导对居民提出的问题做答复：国土房管局领导对居民反映的房管证问题和目前办理的情况进行解释答复，但居民对解释不满意，要求给予准确答复；规建局领导对 30 号楼维修处理方案进行讲解，并承诺如整改后出现相似问题将一管到底；信访办和派出所分别对施工中需要注意的事项进行强调。最后街道分管领导发言总结。

（4）对话会议的结果

经过各方讨论，会议就《铁路一村30号棚改房整改安置意见》达成一致意见，同时，居民代表同意并接受了规建局《关于铁路一村30号楼房屋维护处理的答复》，具体内容如下：

《铁路一村30号棚改房整改安置意见》涉及五个方面的内容：第一，总体原则。整改必须在保证原房屋建设使用年限（50年）的前提下进行整改维护。第二，整改方案内容，包括地基、裂缝处理方案，以及影响居民食宿的补助标准。第三，居民的安置。第四，其他注意事项，提醒居民注意财务安全，施工方不留垃圾，家中物品的损害赔偿规定等。第五，必须保证工程质量，为最后一次整改维护，否则将搬迁。

规建局《关于铁路一村30号楼房屋维护处理的答复》的内容：一是按照每户500元的标准补助维修协调费；二是局部管道出现问题的部分纳入本次维修范围内进行处理；三是对于底层返潮的问题在室外做防水处理；四是外墙砖脱落的问题，待维修完成后统一处理。

（5）会后各方行动

维修加固公司遵循施工方案及对话会议达成的《铁路一村30号棚改房整改安置意见》，对铁路村社区铁路一村30号棚改安置房进行了维修加固处理；施工过程中，居民的安置及住宿补助也得到落实。截至2015年9月25日施工仍在进行，预计当月完工。

（6）最后的状态

完成了对铁路村社区铁路一村30号棚改安置房的维修加固，居民对房屋整治情况比较满意。少数人因为房屋维修后有气味不能马上搬回来有少量意见，但处于社区可协调范围之内。

（7）总结、分析和评论

这个对话是典型的使用传统的解决方式无法解决，在居民不相信相关政府部门之后，通过召开一系列圆桌对话最终解决问题的案例。需要说明的是，对于很多复杂的问题，圆桌对话是一种很好的、有效的解决方式，但并不能期望只召开一次圆桌对话就能解决所有的问题，有的情况下要连续召开多次不同规模的圆桌对话才能解决。本案例就是在前期多次召开小型圆桌对话解决部分问题之后，通过最后一次召开大型圆桌对话解决施工过程中的具体问题，最终使整个问题得到圆满解决的典型案例。

第五章
效果评估问卷调查

（一）概况

为了评估圆桌对话所产生的影响，改进对话机制的设计和实施，2007 年 12 月，作者本人及项目团队针对参与圆桌对话的 192 位人员进行了问卷调查。经过详细咨询多位对话参与者，作者制定了调查方案，设计了调查问卷，在环境保护部政策研究中心和宣传教育中心的帮助下，选择四个开展过圆桌对话工作的城市（重庆、天津、赤峰和沈阳），在社区工作者的协助下，向四个地区所有参加过圆桌对话的约 200 人分发了调查问卷，填写完成的调查问卷通过已经预付邮资的信封以匿名的形式寄回。调查问卷采用简单的多项选择题，以避免受访者在完成问卷时可能存在的困难，详细问卷见附录 3。

（二）问卷调查设计和操作

1. 问卷开发及操作

问卷初稿于 2007 年 3 月完成。2007 年 4 月 2 日项目团队在沈阳市东逸花园小区进行了问卷的试调查，根据反馈意见对调查问卷进行了修改和完善。2007 年 5 月问卷开始分发给各社区案例点，由社区组织者把问卷分发给参加过圆桌对话的所有居民、企业代表、政府代表及其他方面人员。至 2007 年 11 月，问卷陆续返回给项目组。

2. 问卷主要内容

问卷一共分 6 个部分（圆桌对话问卷详见附录 3）：

（1）背景问题：包括圆桌对话的会议主题、问题需要解决的迫切程度、答题人的参会身份等；

（2）会议制度：针对会议本身的组织方面的问题，包括会前准备、会议形式、会议进程等；

（3）会议信息交流：针对不同的代表设计了不同的问题，主要侧重政府、企业、公众三者通过会议达到的信息交流程度；

（4）会议效果评估：包括会议总体情况评价、会议协议执行情况、会议各方表现情况、会议存在问题等；

（5）对话制度的推广：该问题间接反映会议效果，提出是否继续使用该圆桌对话形式解决类似矛盾等问题；

（6）受访者情况：包括本人基本信息和基本环境意识等。

（三）问卷调查结果统计分析

1. 对话参与者背景

在接受问卷调查之前，82.4% 的受访者参加过一次环境圆桌对话，12.1% 的受访者参加过两次对话，其余 5.5% 的受访者参加过两次以上的对话。10.1% 的受访者为对话组织者或主持人，15.3% 的受访者为政府代表，10.6% 的受访者为企业代表，51.9% 的受访者为居民代表，剩余 12.1% 为非政府组织和媒体代表。56.1% 的对话内容与企业污染问题有关，44.4% 与社区垃圾回收和处理有关，31.7% 与社区绿化有关。78.5% 的受访者认为对话主题针对的是他们正在面临的非常迫切的环境问题。

34.5% 的受访者来自重庆，22.9% 的受访者来自天津，26% 的受访者来自赤峰，14.6% 的受访者来自沈阳，1% 的受访者来自北京。50.8% 的受访者为男性，49.2% 的受访者为女性。约 60% 的参与者年龄在 40 岁以上，11.5% 的参与者低于 30 岁。超过 60% 的受访者有高中以上文化程度，受访者的月收入大多介于 500—3000 元之间。

2. 对话设计和实施

大多数的参与者认为，圆桌对话在预告、背景材料提供、场地选择、代表遴选、协调人遴选及对权利和责任的界定方面准备得十分周密。不到 10% 的受访者给准备工作的评价为"差"。大多数的参与者认为社区公告板是预告对话会议的最佳渠道。在遴选居民代表的最佳方式方面并没有达成一致意见，最受欢迎的方法是自荐加上区域和部门提名之间的平衡。

所有的会议均在 3 小时内结束，23.8% 的会议时间少于 1 小时。60% 以上的受访者认为，对话期间为各种不同活动分配的时间是合理的。大多数人（超过 80%）认为，每一个利益相关方的代表应当少于 10 人。42.1% 的人认为，对话协调人的最佳人选是社区领导；25.8% 的人认为，对话协调人应当为独立的非政府组织人员。约 80% 的人认为，对话会议给了代表们讨论相关事项的充足时间。18.7% 的受访者在他们所参加的会议上没有发言。

3. 问卷调查结果分析

问卷调查统计结果显示：

（1）社区对话能有效促进信息公开，保障各类主体对话的公平和平等，为公众参与环境管理打下基础。通过政府相关部门解释部门职责、现行政策法规，91% 的参与者表示对政府政策更清楚了；而企业也解释了相关的排污治理情况，表示更清楚了的参会者有 79%，但仍然有 17% 的参会者表示没有改变。

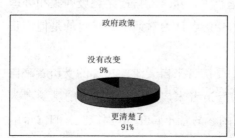
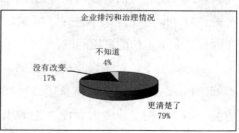

另外，通过专家的解释，高达92%的公众对所讨论的环境问题表示更清楚了，80%的居民表示对污染造成的影响更清楚了，从此可以看出，对话制度能使公众更好地理解环境问题，提高公众的环境意识。

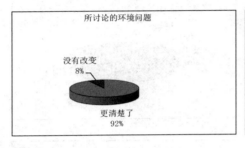
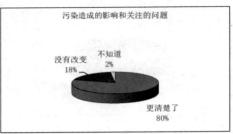

（2）对公众而言，对话还能有效加强公众参与环境管理的意识，88%的答卷者表示对话将促进其参与环境管理的意识，80%的公众表示将提高其在以后的生活中主动提出和保障自身权利的意识，这说明公众比较认可社区对话的这种管理形式，认为对话机制是一个能够充分表达自己观点的平台，一种能将建议或意见反映到政府的有效手段，同时鼓励公众参与到公共管理事务中。

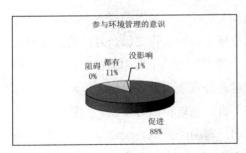
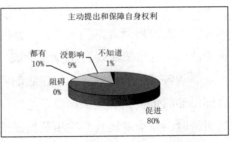

通过交流、沟通和相互理解，增加公众对政府和企业的信任，从而更好地促进公众配合政府和企业开展工作，保障政策的有效实施，有利于企业污染处理工作的顺利开展。有79%的公众表示增加了对政府的信任，81%的居民认为对话会促进他们对政府的配合；有62%的公众增加了对企业的信任，对话会

促进 **79%** 的居民加强对企业的配合。

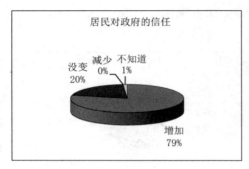
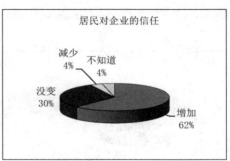
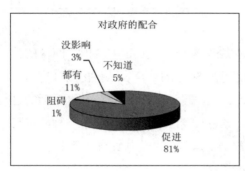
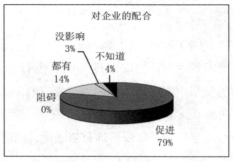

（3）对政府管理部门来说，对话制度促进政府工作更加公开透明，促进宣传普及相关的政策法规。对话能形成一个很好的上情下达沟通机制，一方面使公众分清各部门管理职能，如在案例中就有公众表示通过对话才了解哪些工作由环保部门负责，哪些工作由环卫部门负责，这样在以后发生公共管理事务上的纠纷时，公众就能直接找相关责任部门，有利于提高公众参与效率；另一方面，通过向公众解释管理政策法规和政府的下一步工作动态，获取公众理解支持或相关意见，调整政府工作方案，提高相关部门管理效率。分别有 **88%** 的政府官员认为圆桌对话会促进政府工作透明度，**85%** 的政府官员认为对话机制将达到更好的政策宣传作用。

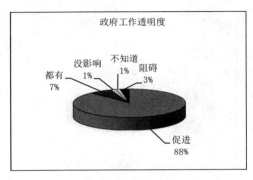

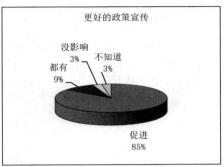

正是由于上述几方面的共同作用，**66%** 的政府官员认为对话制度将使政府工作的难度减小，只有 **8%** 的政府官员认为会加大政府的工作难度，说明政府部门充分认可对话制度将会是提高管理效率的一种有效手段。

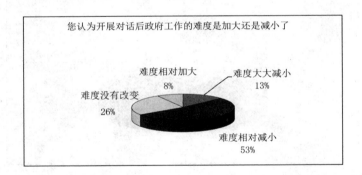

（4）对企业而言，对话制度将日常活动中处于对立的几方面——企业、政府、公众集中在一起，进行面对面友好沟通与交流，能起到增信释疑的作用，从而促进企业与政府、公众的合作。分别有 **72%** 和 **73%** 的企业代表表示圆桌对话会促进其与政府及公众的配合。

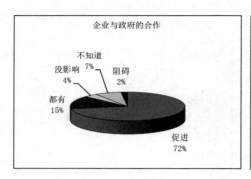
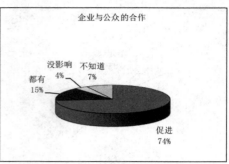

另外，对话会议中公众的意见、政府的压力以及形成的协议将加大企业的社会责任，80%的企业代表认为会议将有效促进其建立良好的企业形象。

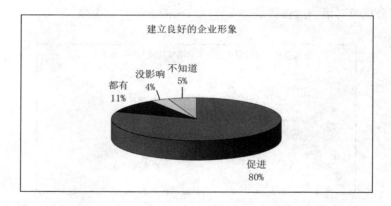

（5）会议效果方面，由于合理设计对话制度，对话效果明显。利益相关方和责任相关方通过讨论和协商，达成双方比较满意的协议，并明确各部门单位的职责和任务，有87%的参会者对会议达成的协议比较满意或非常满意。

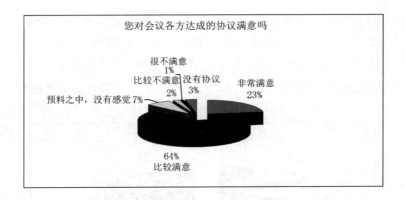

问卷还表明协议执行情况也比较可观，约 **80%** 的协议基本或完全得到履行，这说明虽然会议达成的协议没有法律约束力，但是由于公众的参与监督，企业和相关部门也承担起相应的社会责任，认真执行协议。

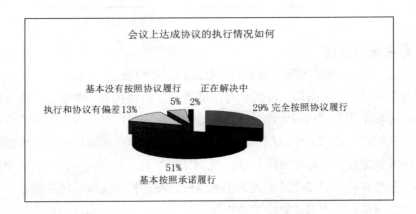

（6）由于对话效果良好，引起了较大的社会影响，众多媒体和单位对社区圆桌对话均进行了报道，起到了很好的宣传作用。如《21世纪经济报》对重庆案例进行了报道（《讨论一条河：重庆官民圆桌对话》）、《环境与发展报》对河北案例进行了报道（《省会试点"社区公众圆桌对话会议"》）等。

（7）对于对话会议的改进建议，可以看到接近 **40%** 的人认为会议的前期准备应该更好，从前面案例的总结中我们也可以看到，目前包括环保部门和政府官员，都还难以走出以往开会、报告的思维定式，往往将会议当作工作报告的场所，没有做好会前资料的沟通和准备，占用了实际对话的时间，影响了效果。同时有 29% 的人认为与会者的选择应该做出改进，从统计数据来看，50% 左右的与会者是公务人员，其中大多数又是来自环保部门，会中也有代表提出，应该增加政府其他部门的人员参与，增加居民群众代表的比例等 ①。

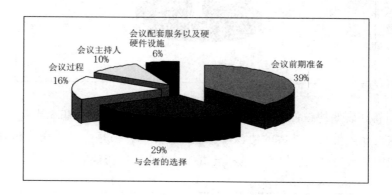

4. 未来的发展

接近 94% 的受访者称，当他们的社区出现类似社会、经济、环境问题时，他们肯定或可能建议采取这种圆桌对话策略；约 81% 的受访者相信，该对话策略未来可在全国范围内或大部分地区推广；16% 的受访者认为，该对话策略未来可在我国的一小部分地区推广；几乎所有人认为，在我国将该对话机制制度化的最大决定性因素是政府的态度。该对话机制具有诸多优势，如要按照从大到小的顺序排列，则依次应为促进相互信任、增进相互理解、解决问题、对话策略操作简单、组织对话的成本较低。

①　该数据来自江苏案例。

第六章
讨论和总结

圆桌对话是存在利益关联的多方之间为增进共同利益、解决矛盾冲突而采取的一种特殊的会议形式。这种方式充分体现了平等、理性、公开、公正的时代精神，在中国具有可行性，并会对中国长远的经济、政治、文化、社会和生态文明建设起到积极的作用。

（一）重要性

毋庸置疑，单靠传统的法律、行政或经济手段无法有效解决我国严重的社会和环境问题。完善我国的法律体系将需要等待很长的时间，而且，鉴于我国在法律执行方面的独特文化，即使在法律文件出台之后，法律执行的有效性依然存在不确定性。可以快速地设计和落实行政的办法，但是政府本身是构成挑战的一个重要因素，民众对政府缺乏信任，而公司更清楚如何与政府进行周旋。可以改进公共治理的经济手段，但是鉴于环境问题及其引起的社会问题的复杂性，经济手段远远无法胜任。利益相关者对话可以成为传统方法的重要替代方案和补充措施。由于对话中通常体现了传统的法律、行政和经济方法，因此对话策略可以帮助更好地落实或执行传统方法，并有助于传统方法的发展。

不同的环境问题具有一些共同的特征，但环境问题同时也具有地域性和部门特征。因此，问题解决机制的开发必须使其能够灵活地适应于具有地方和部门特色的情况，以便确保机制的有效性和高效率。利益相关者对话便是这样一种机制。尽管这种机制在应用于我国更高级别的辖区时并不一定那么有效，但是事实证明，社区层面的这种对话策略颇为成功，对话中所涉及的问题与对话相关方的利益直接相关。

（二）可行性

尽管该对话机制依然存在改进的空间，但是实验证明，目前在我国社区层面施行的此项对话机制在设计和执行方面是可行的，而且在解决社会和环境问题方面具有潜在的成本效益。

可行性问题是我国研究者一直关注的首要问题之一。从理论上讲，社区工作者可以邀请政府领导、公司经理和市民代表参与此类会议，但是在实际工作中，社区工作者可能无法邀请到这些人出席会议，尤其是政府部门代表。在过去的几十年中，在我国的政府官员中形成了一种对民众发号指示的传统；如果与普通民众坐在一起并与之平等地探讨社会所面临的一些问题，一些政府官员可能觉得不自在。在我国举行的几乎所有的公开会议上，政府官员都尊贵地坐在面向观众的主席台上。实验表明，这种传统是可以改变的。在圆桌对话会议中，所有的参与者均被视为平等的，至少在形式上如此。为了确保利益相关者对话工作能够持续下去，有必要将对话策略纳入到社区管理条例中去，让相应的党委或上级政府部门监管对话工作，并让大众媒体进行监督。

从技术的层面上讲，我国的社区工作者并没有接受过组织此类对话的培训，因此在对话准备、宣传对话、主持对话及后续跟踪等方面，社区工作者要提高技能水平。尽管参与者的遴选并非是一项重大的事情，但是这项任务也不可小觑，因为它将影响到对话的公平性，并最终影响到公众的信任和工作的圆满完成。也有参会者对公司经理所制备的污染报告的真实性和一些污染受害者所提要求的公平性表达了忧虑，假如处理不当，对话可能朝着冲突方向发展。然而，迄今为止的试点工作表明，如果接受了适当的培训，社区工作者可以恰当地处理上述相关问题，并能建设性地促进对话。

起初，资金问题也备受关注。假如组织一次对话的成本太过高昂，对话计划势必难以为继。对话所产生的主要费用包括社区工作者的劳动力、会议设施和参与者的餐饮等成本，根据惯例，这些通常应当由会议组织者提供。然而，试点发现，几乎在所有的社区中，社区工作者都可以找到辖区内某些组织为社区免费提供会议设施；在会议期间不提供餐饮，也不会遭到任何对话参与者的抱怨。对话机制所产生的唯一重要花销是组织对话活动的社区工作者的劳动力成本，不过此项费用已经纳入了政府预算系统。

（三）影响

建立和实施对话机制的可行性已不再是重要问题，但由于研究资源有限，迄今仍未对该机制的影响进行详细研究。然而，根据案例观察和对话参与者调查，我们可以得出如下结论：

圆桌对话有助于增进各种不同利益相关者之间的相互理解。如前所述，我国民众和政府之间的沟通以及民众与污染企业之间的沟通十分不畅，农村地区尤为如此。人们并没有真切而充分地了解彼此的想法，即使他们大多数人不这么认为。圆桌对话可以改进沟通。

圆桌对话为所有的利益相关者提供了一个表达自己看法的平台。几乎所有的居民代表和一些企业经理均十分感激能够有机会表达自己的看法。普通市民很少有机会能够就影响其生活质量、健康或经济活动的问题公开表达意见。对于那些拥有良好环境绩效的企业，这也是向附近居民展示他们控制污染做法的一次机会。即使对于一些并没有将污染控制到理想水平的公司，对话会议依然是他们解释为何没有实现目标并寻求大家谅解的机会。我国的环境主管部门并没有太多机会向普通民众宣传他们所做的工作，对于那些既不读报也不看电视的人而言尤为如此，圆桌对话创造了这样的机会。

圆桌对话为各种不同的利益相关者提供了一个就未来所要采取的措施进行磋商的渠道。在对话期间，许多社区代表请求政府官员及企业经理就某些具体的问题采取措施。针对其中的一些请求，相关方面做出了承诺。但是针对其他一些请求，相关方面解释了为何无法采取措施的原因。当然，还有一些请求根本没有得到回应。有证据显示，大多数的承诺至少在一定程度上得到了兑现并采取了措施。也有证据表明，各种不同的利益相关者在对话之后携手合作，以共同解决一些问题。

圆桌对话可给表现差的企业造成压力，可给表现良好的企业给予肯定，从而激励企业搞好环保工作。污染企业需要时常参加圆桌对话，向其附近居民报告为了改善污染态势他们在过去一段时间所做的努力。那些表现差的企业会感到羞愧，同时在对话会议结束之后，他们也会遭受严格检查。在我国农村地区，上述表现差的企业通常的做法之一是，在政府检查人员不在时，他们就关闭污染处理设施。这种行为被环境主管部门当场抓住的机会极小，因为当地环境主管部门的监测和检查能力十分有限。然而，在对话会议结束之后，住在附近的当地居民可以轻而易举地发现上述违法行为，并将其报告给环境保护主管部门。

圆桌对话提升了普通市民的环境意识，并鼓励公众积极参与到环境管理之中。同时，它也是一个针对相关法律、政府政策和行政程序的教育和实施的过程。

利益相关者圆桌对话之所以能产生效果，法律威慑、行政处罚和经济激励都可能发挥了一定作用，但一般认为，发挥作用的因素更可能是我国独特的社会和文化力量。

利益相关者圆桌对话并非是一项简单的公众参与活动，而是一种社区自我管理和服务的机制，它可以起到收集问题信息、平衡各方利益并促进决策和执行决议的作用。

短期来看，圆桌对话为利益相关者提供了交流和沟通的渠道，促进了各方之间的沟通，加深了各方之间的理解。同时，对政府、企业和公众共同参与社会治理起到了积极的作用。从长远看，一旦圆桌对话作为一种固定的制度在全国范围内推广，将会形成一种独特的圆桌对话文化氛围。届时，当遇到各类社会问题时，圆桌对话将成为解决这些问题的首选，而公众将不再将政府、环保部门、法院等作为诉求利益的首要目标。

（四）挑战

要把环境对话机制制度化存在一些潜在的挑战。挑战首先来自于地方政府的政治意愿，地方政府对对话策略比较陌生，在开始时或许难以适应。地方上组织对话的能力薄弱也会对环境对话机制制度化构成挑战，但能力是可以逐步提高的。

目前我国社区环境对话活动处于一种自发状态，在没有制度化之前，有些概念性问题仍然有待解决。第一个问题是，社区领导如何促进对话以及以何种身份促进对话。由于有些利益相关者可能感觉没有义务参与此类对话，甚至不愿意参与对话，社区工作者有必要找到一种策略，让利益相关方围坐在一起，共同商讨并解决问题。第二个问题是，存在什么激励措施能使得责任相关方在对话会议上做出提高绩效的承诺，并在对话之后履行承诺。道德和社会力量可以发挥作用，但在准备和组织对话的过程中，可能还需要运用经济利益和政治压力。

社区利益相关者圆桌对话也应该可以成为解决我国其他社会治理问题（如公共安全、健康服务、教育和交通等）的一种可行而有效的工具，利益相关者对话也应该可以在解决超越社区层面的社会和环境问题方面发挥作用，对这些议题还需要进行进一步研究。

（五）总结

如果设计周密、执行得当，利益相关者圆桌对话可有助于预防和解决环境矛盾。利益相关者对话实际上是一个构建社会良治的动态机制，它无法取代现实中的政府监管工具，但是可以成为现有制度的重要补充或辅助，可以帮助公共治理提升社会效率。

在过去的三十年中，我国经济的快速增长大幅提高了我国人民的生活水平，并为全球的经济发展做出了贡献。然而，它同时也造成了严重的社会和环境问题。在解决我国的社会和环境问题时，传统的法律、行政和经济手段存在一定的局限性，利益相关者对话可以成为一项行之有效的解决手段。

在我国数十个城市开展的试点表明，如果某一地区的党或政府的领导决定采用对话机制，社区圆桌对话则是可行的、有效的，因为在社区层面的对话操作十分简单，不存在显著的技术和经费问题。我国社区圆桌对话所产生的即时的和短期的利益包括：（1）改进各种不同利益相关者——政府机构、企业实体和当地居民之间的沟通和理解；（2）减少社会冲突；（3）提高公共治理绩效。长期利益包括：（1）增进社区对其需要着力解决的经济、社会和环境问题的认知和相关知识；（2）在各种不同利益相关者之间建立起一种信任感、合作感和社区感；（3）教育人们了解法律条款、政府政策、各种不同利益相关者的权利和道德标准；（4）促进人们在社区层面上践行知情权、参与权、监督权和获得赔偿的权利；（5）培训人们如何在参与型民主、协商型民主的社会中生活；（6）自下而上地建设一个治理良好的和谐社会。

政府领导的意愿和社区工作者的能力是社区利益相关者圆桌对话机制在我国制度化的主要挑战，因此，有必要对地方政府官员和社区工作者提供相关培训。

附录 1：
圆桌对话案例库

　　本案例库收录作者主持的世界银行圆桌对话项目产生的及后续发生的案例，案例记录主要来自项目报告、单位汇报和媒体报道，原始材料主要来自于世界银行圆桌对话项目承担合作单位，包括环境保护部宣传教育中心、江苏省环境保护厅、江苏省姜堰环境保护局、重庆市社会科学研究院、重庆市万盛区东林街道办事处等单位，作者只做了简单文字编辑。

案例一　广州市都府社区环境圆桌对话案例

（一）会议基本情况

会议时间：2008 年 5 月 13 日（第一次对话会议）

　　　　　　2008 年 9 月 10 日（第二次对话会议）

会议地点：广卫街道办事处会议室

会议主题：越秀区人民医院排风机噪声扰民问题

会议组织单位：广卫街道办事处

主持人：广卫街道办事处代表

利益相关方：都府社区居民代表

责任相关方：越秀区人民医院代表

新闻媒体：广州电视台、《广州日报》、《珠江环境报》、《南方都市报》

列席人员：环境保护部宣传教育中心、广州市环境保护局、广卫街道城管科代表

监督方：广州市环境监测大队越秀支队

到会人数：共 20 余人

（二）社区基本情况及实施背景

越秀区广卫街都府社区是广州市第一个引入专业物业公司对老城区进行物业管理的老居民区，占地 66500 平方米，常住居民 2240 户，人口 6057 人。

该社区自 2001 年以来先后获得广东省优秀安全小区、广东省绿色社区、广东省文明社区、广州市"环保惜物之星"、广州市文明社区标兵等荣誉。

由于社区建成时间较早，地处社区内的单位也有一定的历史，因此存在一定的环境问题。人民医院就是其中一例，该医院排风机日久失修、机件老化，产生的噪声给社区居民的日常生活造成了一定的影响，社区居民多次投诉。街道办事处、医院、居民代表曾召开协调会议，研究解决对策，医院也对排风机噪声问题进行了整改，但目前此问题还没有得到完全解决。因此，该社区决定借助对话的方式讨论解决该问题。

（三）会议实施情况和结果

1. 第一次对话会议实施情况及各方代表发言：

（1）居民代表发言

阮先生：我是都府社区业主委员会主任。越秀区人民医院的排风机造成噪声扰民问题，影响了我们的日常生活。我家离排风机房较近，晚上受影响较明显。以前并没有出现这种状况，希望人民医院能够派专人检查排风机设备，看是否存在机件老化、磨损等问题，找出原因，研究对策，早日解决问题，还我们一个安静的社区环境。

陈女士：我是一名普通居民。人民医院排风机噪声问题，确实影响了附近居民的作息。我们都在都府社区内工作、生活，大家都想拥有一个安静的环境，希望人民医院尽快解决。通过面对面的沟通，找到有效方法，解决排风机噪声问题，还居民一个安静、舒适的居住环境。

（2）责任相关方（人民医院）

越秀区人民医院建于 1953 年，是一所担负医疗、预防、教学、科研任务的综合性医院。

对于都府社区居民投诉医院排风机产生噪声扰民的原因，我们已经查明。位于 13 楼的一台轴流排风机由于使用时间较长，外壳已锈蚀，产生较大振动及噪声，通过排风管传至楼下地面，边界噪声超过排放标准，对大楼本身及周围居民造成一定影响。该排风机是污水处理系统的一个设备，主要用于循环通风，促进空气流通。在接到群众的投诉后，院领导指示相关人员负责此项工作并制定整改方案。请有资质的公司进行检测，从三个方面进行了整改：一是更换了低噪声轴流排风机；二是对轴流排风机进出口进行消声处理，将原来通风管改装成消声器；三是将排风管包上隔音棉。我们承诺上述整改工作在 2008 年 5 月底前完成。

（3）监督方（广州市环境监测大队越秀支队）

经过我们在会前的现场勘测，监测数据显示，人民医院 13 楼的排风机设备噪声达 62 分贝，超过了国家居住区噪声标准。由于噪声源地处居民密集区，且属于低频噪声，对居民的日常生活和健康影响较大。根据国家的相关法律法规，我单位下达了限期整改通知书，限期 15 天完成整改。由我方负责整改方案的督促落实，欢迎居民群众的监督。

经过第一次社区环境圆桌对话会议，社区居民表达了排风机噪声影响日常生活并期望问题能彻底解决的诉求，人民医院代表也诚恳地听取了居民的意见，双方现场达成共识并签订协议。越秀区人民医院承诺了三点：①进一步加强监测，确保各项环保指标达标；②针对此噪声问题，请有资质公司进行检查整改，制定相应措施，在 2008 年 5 月底前完成整改并达标；③加强日常设备维护管理，避免噪声事件再次发生。会议后，街道办事处和社区居委会经常与医院、居民联系和沟通，不断了解和跟踪整改情况，人民医院按照其承诺于 5 月底前完成了对排风机设备的更换和改造。

2. 第二次对话会议实施情况：

2008 年 9 月 10 日，街道办事处召开了该问题的第二次社区环境圆桌对话会议，根据居民第一次对话会后的意见反馈和监督方的调查结果，越秀区人民医院排风机噪声问题已经得到有效控制，居民普遍反映良好。

（1）利益相关方（都府社区居民）

我家离排风机房较近，晚上受影响较明显。经过上一次的对话会议，人民医院能够履行承诺，派专人检查排风机设备，发现存在机件老化、磨损等问题后，能及时找出原因和研究对策，很好地解决了噪声问题，我对此很满意。

（2）责任相关方（人民医院）

继5月上旬我院与社区群众第一次沟通交流，针对居民提出的问题，我们共同探讨解决办法，现就我院噪声问题整改情况介绍如下：

①根据第一次对话会议承诺，彻底解决了噪声扰民问题，于5月底经越秀区环境保护局监测合格，符合国家有关标准。

②通过此次事件，我单位举一反三，组织相关人员学习国家环保方面的法律法规和相关标准，依法办事。

③继续完善医院在环保建设方面的制度，除保证噪声达标外，也要加强对污水及医疗废物的处理力度，明确职责，落实到人。

（3）监督方（广州市环境监测大队越秀支队）

经过我们现场检测，人民医院排风机整改后各项指标已经达到国家标准，希望今后医院对产生污染的设备加强维护管理，而我们也会加强环保指标的监测，欢迎居民配合和支持我们的工作。

通过社区环境圆桌对话会议的成功举行，广卫街道办事处在社区管理工作中，积极引入圆桌对话会议这一工作模式，及时解决了一些社区群众关注的问题，得到了群众的充分肯定。

案例二　邯郸市阳光花园小区环境圆桌对话案例

（一）会议基本情况

会议时间：2006年8月4日

会议地点：邯郸市邯郸县明珠花园社区物业管理公司会议室

会议主题：邯郸县阳光花园小区建筑工地噪声及扬尘污染问题

会议组织方、主持人：邯郸明珠花园社区管委会、邯郸明珠花园社区管委会主任

利益相关方：邯郸明珠花园社区居民、明珠小学教师、明珠花园小区物业管理公司代表

责任相关方：邯郸县政府办公室、邯郸县环保局、邯郸县建设局、邯郸县阳光花园小区建筑安装公司代表

新闻媒体：邯郸县电视台、《邯郸日报》、《邯郸晚报》等六家新闻单位代表

其他到会人员：世界银行、国家环保总局宣教中心及河北省环保部门代表

到会人数：30 余人

（二）会议实施情况和结果

邯郸市首次对话会于 2006 年 8 月 4 日在邯郸县明珠花园社区召开，该社区是地处城郊结合地区的新建社区。由于正在建设中的阳光花园小区施工噪声及扬尘等问题，直接影响了附近的明珠花园社区居民正常生活和明珠小学的教学活动，周围居民和学校师生反映强烈。本次对话就围绕建筑施工噪声及扬尘问题展开。

由于该问题涉及面广，对话会议吸引了众多参与者。在会上，社区居民等作为利益相关方代表，对包括邯郸县建设局、县环保局、建筑公司等单位由于管理和人为因素造成的环境问题提出了意见和建议，认为政府相关部门应该采取有效措施加强对施工单位的监管力度，施工单位应依法施工，减少对居民和学校师生的干扰。利益相关方代表还出示了相关证据：由于施工噪声造成学校教学成绩下降的成绩册和住户拒交物业费的具体金额。居民和学校代表对施工方和主管单位提出了整改和经费补偿要求。

责任相关方代表分别对上述意见进行解释说明。

（1）邯郸县环保局代表

该建筑工程已通过环境影响评价，如果按照环评审批的要求进行施工管理，扬尘和噪声问题就不会超标。但前段时间接到群众投诉，环保部门已对投诉情况进行了核实，认定建筑安装公司存在违规施工现象，已责令其立即整改。环保部门今后将加强工地的环境监察力度和频率，最大限度地降低此类环境污染。

（2）邯郸县建设局代表

在接到群众举报后，对该建筑工地进行了检查，该工程虽然各项手续齐备，但在安全生产和文明施工方面的制度落实不到位，邯郸县建设局已按照有关规定，下达了整改通知书，并加强了对该工地的巡查力度。

（3）建筑安装公司代表

首先向居民及学校表示歉意。在接到相关部门整改意见后，该工程严格按照环保、建设及相关政策法规标准，采取了多项技术和措施防止扰民现象的发生，降低了施工噪声和扬尘对居民和学校的影响。在今后的施工中，公司将加强对建筑工人的培训，严格按照操作规范作业。对于社区居民及学校提出的经济赔偿问题，公司将进行研究。

通过协商，责任相关方分别承诺：

① 施工单位加强管理，每日 22:00—6:00 停止施工，加强屏蔽作业和采取喷淋的方式抑制施工扬尘。

② 环保部门加大监督检查力度，由市环保局监测中心进行现场噪声监测并保留数据，及时向公众公示。

③ 邯郸县建设局加大监督检查力度，争取做到并及时发现及时督促企业进行整改。对于利益相关方提出经费赔偿的问题，留在下次对话会上进行交流。

此次对话会议初步探索了该环境问题的解决方案，并将于一段时间后再进行该问题的第二次社区环境对话会议，继续研究协商解决此问题。

邯郸市邯郸县明珠花园社区环境圆桌对话会议现场图

案例三 邯郸市春光园社区圆桌对话案例

（一）会议基本情况

会议时间：2006 年 8 月 11 日

会议地点：邯郸市峰峰矿区环保局会议室

会议主题：邯郸市春光园社区露天舞场噪声影响居民及学生休息的问题

会议组织方、主持人：邯郸市春光园社区、邯郸市春光园社区居委会主任

利益相关方：邯郸春光园社区物业公司、露天舞场经营者、社区居民、春光小学、第十三中学代表

责任相关方：邯郸市峰峰矿区区委宣传部、区文体旅游局、区环保局代表

新闻媒体：邯郸县电视台、《邯郸晚报》等四家新闻单位代表

到会人数：30 余人

（二）社区基本情况及实施背景

邯郸市春光园社区于 2000 年建成，居民 8000 余人，社区物业部门从丰富居民文化生活的角度考虑，并应部分社区居民的要求，在社区中心花园的露台开办露台舞场。舞场由个人承包经营，物业部门批准设立舞厅并收取部分水电费。

舞场在开办之初，受到了部分社区居民的欢迎。但由于社区内学生较多，音乐影响学生的学习和居民的休息，引发了居民之间的矛盾。在 2006 年中考和高考前夕，区环保局、区文体旅游局多次接到举报，为配合全区中、高考期间的"静安"工程，区文体旅游局按照有关规定，查封了该舞场。目前，中、高考已经结束，舞场组织者要求恢复娱乐活动。

2006 年 8 月 11 日，春光园社区居委会邀请区环保局、区文体旅游局、区文明办、镇社区工委、舞场组织者、春光园社区物业公司、社区居民代表、环保志愿者、新闻媒体单位代表一起，协商问题的解决办法。

（三）会议实施情况和结果

主持人首先介绍了与会代表，对会议议题和背景进行了说明并宣读了会议议程及注意事项。随后，参会各方对上述议题进行了充分的了解，并就小区舞场是否开办，应该怎样开办，如何保证居民及各方利益，分别发表了自己的看法和意见，进行了充分的讨论和交流。区环保局、区文体旅游局等有关职能部门介绍了国家关于组织、开办娱乐场所的法律法规规定。

区环保局表示近期接到的环境投诉中关于噪声污染的问题比较突出，本次讨论议题就是一个典型案例。区环保局根据现场监察数据证实该露天舞场确实存在噪声扰民现象，对该舞厅进行了行政干预。

峰峰矿区文体旅游局代表首先介绍了本单位的职能及职权范围，对查封舞场原因及依据进行了解释说明。

社区物业公司表示，开办此舞场的初衷是本着服务于社区居民的想法，但对于产生的矛盾和投诉感到无奈，希望相关部门全面考虑，协调此事。

舞场经营者认为开办舞场，既能利用空闲资源，又给居民创造娱乐的条件，丰富了他们的文化生活，希望执法部门统筹考虑，解决居民休息和娱乐之间的矛盾。

经本次对话会议主持人综合代表的讨论意见，就"春光园社区露天舞场噪声影响学生休息"的议题达成如下的解决方案：

（1）为了满足居民正当的娱乐需要，春光园社区露天舞场可以继续组织。

（2）为了保证部分居民和学生的正常休息和对安宁生活环境的要求，规定舞场结束时间为每晚22点，中、高考期间（6月1日—7月20日）停止组织活动。

（3）舞场组织者应按照法律规定的舞场娱乐声级规定经营，区环保局对舞场噪声声级进行监测，帮助界定和监控声音级别。

（4）春光园小区物业公司负责监督舞场的经营时间，保证社区各方的正当权益。

（5）社区居委会负责对社区舞场组织的指导和监督，接受社区居民咨询，做好解释工作。

案例四　邯郸市复兴区石化社区圆桌对话案例

（一）会议基本情况

会议时间：2006 年 8 月 15 日

会议地点：邯郸市复兴区石化社区

会议主题：邯郸市复兴区石化社区大门马路两侧摊点垃圾处理问题

会议组织方、主持人：邯郸石化社区办事处、邯郸石化社区办事处主任

利益相关方：社区居民、附近学校、马路摊贩代表

责任相关方：邯郸市复兴区环保局、复兴区工商局、复兴区环卫局、复兴区石化派出所、附近村镇代表

新闻媒体：邯郸县电视台、《邯郸日报》、《邯郸晚报》等五家新闻单位代表

其他到会人员：邯郸市环保局、复兴区政府办公室代表

到会人数：30 余人

（二）社区基本情况及实施背景

邯郸市第三次对话会议于 2006 年 8 月 15 日在复兴区石化社区召开，该社区原为邯郸石化公司家属居住社区，现有居民 884 户，人口 1954 人。

社区外主马路两侧由于历史原因及居民生活需要，形成了马路摊点，社区周边是复兴区下庄村和西小屯村，马路两侧的摊贩主要是两村的村民。由于缺乏管理，摊点占用人行便道，造成环境脏乱、噪声扰民、交通堵塞、行路安全等问题。居民及周边学校对此问题反映强烈，但问题涉及多家单位，社区无权管理，希望通过这次对话会议解决该问题。

（三）会议实施情况和结果

本次对话会议邀请了工商、环保、市容环卫、附近学校、派出所、附近两个村庄、社区所属单位、社区居民、摊贩代表参加了会议。会议各方代表分别发表了自己的意见：

学校代表：摊点占据人行横道，学生上学只好走机动车道，非常不安全，家长也多次反映到学校，可学校无能为力，希望通过此次会议解决此问题。

工商局：对于石化社区道路两侧摊点的管理，工商所将抽调专人进行负责，对摊点进行分行划分、规范设置，清理乱摆乱放、占道经营现象。对市场商品严格把关，及时查处不合格商品，保护消费者的合法权益。

市容环卫局：该路段市场经营管理权属于乡政府，沿街门市及街边摊贩的管理由工商及石化办事处负责，该路段清扫保洁由石化办事处负责，建议各方按照谁管理、谁受益、谁负责的原则，落实责任。市容环卫局将尽己所能，在石化社区周边建立垃圾转运站。

摊贩代表表示自己虽然是马路摊点，但定期交纳管理费，却没有固定的摊位和专人管理、维持秩序，非常希望有关部门划分摊位固定地点，我们将全力配合支持市场管理工作。

石化办事处：将协调城建等有关部门对道路两侧的违章建筑和乱搭乱建物进行拆除，综合协调有关部门对石化街道进行拓宽改造，并就两侧进行绿化，使石化街纳入市政道路管理范围之中。

最终与会各方就会议议题达成了两点解决方案：

（1）新建规范化的市场

社区协调附近村镇以及社区所属单位解决市场用地、投资等问题，在社区附近建立规范化的市场，待市场建成商户入驻后，协调工商部门对市场进行管理。

（2）建立长效管理机制

社区协调市容、工商和派出所等部门，研究制定完善道路清扫保洁、环卫执法管理，与沿街商户环卫共建共管、规范经营等长效管理机制。

案例五　常州市天宁区红梅街道锦绣东苑社区圆桌对话案例

（一）社区基本情况及实施背景

润德半岛是锦绣东苑社区居委会管辖的一个独立小区，建设之初，开发商为美化小区环境，将市河之一的双桥浜河流经润德半岛的河段，用水泥进行了硬化处理，同时，为使小区内河水不受双桥浜河水的黑臭污染的影响，在润德半岛小区河段的两头建设了水闸。但随着时间推移，由于河水不流动，水质越变越差，天热高温时还常常散发出臭味，周边居民对此反映强烈，并怀疑一墙之隔的常州市卫生学校的生活污水直排此河。

（二）会议实施情况和结果

2006 年 9 月 7 日上午在锦绣东苑社区居委会三楼会场，由常州市环保局宣教法规处副处长王普生主持，围绕润德半岛小区内景观河水环境整治问题，景观河两岸锦绣东苑小区和润德半岛小区的居民代表与润德半岛小区开发商、市水利局、常州市卫生学校、天宁区环保局、锦绣东苑物业公司的代表展开对话。

在锦绣东苑社区，河道管理处承诺于 9 月底之前负责拆除闸坝，与市河同时换水，定期打捞河面漂浮物；开发商配合做好有关拆除闸坝工作；物业部门加强日常巡查监管，并为拆闸提供必要的帮助；居委会发动居民群众实现长效管理；市环保局协调拆闸实施进度，天宁区环保局督查并落实长效管理效果。

案例六　杭州市红石板社区圆桌对话案例

（一）会议基本情况

会议时间：2006 年 7 月 26 日

会议地点：杭州市拱墅区米市街道红石板社区会议室

会议主题：杭州新华纸业有限公司污染控制和企业搬迁问题

会议组织方、主持人：杭州市环保局、杭州市环保宣教中心副主任潘腾

利益相关方：红石板社区居委会和居民代表

责任相关方：杭州环保局拱墅分局、杭州新华纸业有限公司

新闻媒体：杭州电视台、《浙江日报》

其他到会人员：世界银行、国家环保总局宣教中心、浙江省环保宣教中心、下城区朝晖街道稻香园社区、下城区石桥街道石桥社区、江干区采荷街道

洁莲社区代表

    到会人数：20 余人

（二）社区基本情况及实施背景

由于历史的原因，与红石板社区叶青苑、叶青随苑小区仅一墙之隔的杭州新华纸业有限公司在生产过程中产生的噪声、异味给附近居民的日常生活和身体健康带来了很大影响，造成小区的居住环境质量下降。社区和居民曾通过各种渠道向有关部门反映并与杭州新华纸业有限公司进行交涉，市、区环保部门也多次来社区进行检测并对企业提出整改意见。2005 年还成立了由街道、社区和居民代表组成的环保联合监督小组，对杭州新华纸业有限公司搬迁整改进度进行监督。在杭州市、区环保局的共同参与下，2005 年下半年，杭州新华纸业有限公司的一条蜡纸生产流水线已搬走，异味有所减轻。但是，厂区总体搬迁问题一直没有解决，噪声、烟尘依然影响附近居民的日常生活。社区居民希望有关部门加大对杭州新华纸业有限公司搬迁工作的监督力度，同时希望杭州新华纸业公司明确搬迁日期，早日解决社区的环境问题。为此，本次对话会议议题围绕杭州新华纸业有限公司污染控制和企业搬迁问题展开讨论。

（三）会议实施情况和结果

主持人首先介绍会议议题、议程、注意事项、背景情况和参会人员名单等。随后由责任相关方即拱墅环保分局代表介绍了本单位职责范围，环保部门对杭州新华纸业有限公司污染治理的监督情况。杭州新华纸业有限公司代表介绍了企业现阶段污染治理和搬迁的有关情况。在听取了上述会议代表的发言后，红石板社区居委会和居民代表对企业汇报的情况进行了质询，并提出希望政府部门加强对企业监管，企业加快整改和搬迁的要求。

最后，经责任相关方和利益相关方充分讨论，由责任相关方提出初步解决方案。参会各方签订了关于杭州新华纸业有限公司环境整改及搬迁问题协议。

根据会议达成的协议，环保部门继续加大对杭州新华纸业有限公司污染监督和管理的力度，督促企业积极加强整改，落实各项环保要求。同时要求企业积极实施清洁生产，开展循环经济，力争从源头上减少污染，降低对周边环境的影响。企业加强对现有各种污染治理设施的日常管理，确保正常运行、稳定达标排放，同时积极推动搬迁进程。杭州新华纸业有限公司根据自身发展要求，开始启动搬迁项目。并承诺企业在两年到两年半时间里完成搬迁工作。同时，在搬离前保证生产排放物达到国家环保标准，把对居民的不良环境影响降到最低。

案例七　杭州石桥社区圆桌对话案例

（一）会议基本情况

会议时间：2006 年 8 月 22 日

会议地点：杭州石桥街道石桥社区会议室

会议主题：石桥社区环境综合整治问题

会议组织方、主持人：杭州市环保局、杭州市环保宣教中心副主任潘腾

利益相关方：杭州下城区石桥街道石桥社区居委会、社区常住居民及流动人口代表

责任相关方：石桥街道办事处、杭州市环保局下城分局、下城区行政执法局、下城区城管办、石桥环卫所代表

新闻媒体：杭州电视台、《杭州今日早报》

到会人数：20 余人

（二）社区基本情况及实施背景

杭州下城区石桥街道石桥社区地处城郊结合部，本地和外地人口比例为 1:10。大量流动人口的涌入给社区环境造成了沉重压力，同时也带来了诸多的环境问题，如乱扔乱倒垃圾、无证设摊、破坏公物、车辆乱停乱放等问题，而且现阶段社区居民与辖区流动人口在自身素质、公共道德方面与城区相比，存在差距。因此光靠社区现有的管理力量已不能应对如此复杂的问题，杭州市环保局应居民要求，围绕上述问题组织了对话会议。

（三）会议实施情况和结果

会议组织邀请了外来流动人口、本地居民、社区、相关政府主管部门代表等 20 余人参加。

通过会议的交流，会议取得了以下的共识：

（1）倡议社区居民及租住社区的流动人口切实行动起来，充当维护社区环境的第一线。同时社区居委会及社区房屋出租户加强对外来人口的宣传教育，共同维护社区环境。

（2）杭州下城区城管办和环卫所增设环卫设施，加强保洁力度，调整保洁时间、增加清扫频次和时间，做好卫生保洁工作。

（3）杭州下城区城管执法部门针对乱扔垃圾现象，加强执法力度，以居民抓拍的乱倒垃圾现象照片为依据实施处罚。

（4）杭州下城区政府办和街道负责监督，督促相关职能部门加以落实。

会后，由下城区政府办公室、杭州市环保宣教中心、石桥街道办事处、杭州市环保局下城分局、下城区行政执法局、下城区城管办、石桥环卫所、石桥社区、常住居民及流动人口共 10 方代表共同签订了"石桥社区保护环境卫生倡议书"，倡议各方共同为建设"和谐社区"、"绿色社区"而努力。

案例八　杭州稻香园社区圆桌对话案例

（一）会议基本情况

会议时间：2006 年 10 月 18 日

会议地点：杭州市稻香园社区会议室

会议主题：稻香园社区环境综合整治问题

会议组织方、主持人：杭州市环保局、杭州市环保宣教中心副主任潘腾

利益相关方：稻香园社区、居民代表

责任相关方：杭州市下城区政府办公室、杭州市环保宣教中心、下城区文明办、杭州环保局下城分局、朝晖街道办事处、下城区爱卫会、下城区城管办、下城区行政执法局、下城区建设局、运河整治指挥部

新闻媒体：杭州电视台、杭州人民广播电台

到会人数：20 余人

（二）社区基本情况及实施背景

杭州市稻香园社区隶属于杭州下城区朝晖街道，总面积 19 万平方米，社区内建有住宅楼 39 幢，住户 1858 户，是 20 世纪 90 年代建成的旧小区。本次对话会议讨论了居民比较关心的几个热点问题：社区公众部位的环境卫生、绿地责任单位不明确及无序停车等问题。社区的公共部位位于稻香园小区外围东侧，是杭州市下城区和拱墅区的交会道路，此处的保洁工作一直以来处于无人管理的状态。近年来，随着经济快速发展，居民私家车的拥有量不断上升，小区停车难已成为居民呼声强烈的热点和难点问题。稻香园社区现有车位 290 余个，但车辆却有 400 多辆，车辆与停车位的比例失调，导致机动车随意停放问题十分突出，经常占用居民的活动场所、绿地，有些车辆还堵塞了消防救援通道，影响了社区的环境和安全。

（三）会议实施情况和结果

根据会议议题，各方代表讨论研究了以下的会议结果：

（1）稻香园社区公共部位的保洁、护绿工作由下城区城管办负责解决。

（2）稻香园社区内停车难的问题由社区物业公司提出可行方案并经业主大会协商后解决。

（3）杭州市下城区政府办公室和朝晖街道共同监督会议落实情况。

会后，由下城区政府办公室、杭州市环保宣教中心、下城区文明办、杭州环保局下城分局、朝晖街道办事处、下城区爱卫会、下城区城管办、下城区行政执法局、下城区建设局、运河整治指挥部、稻香园社区、居民代表共同签订了《稻香园社区营造洁美家园倡议书》。

案例九　姜堰磨子桥河圆桌对话案例

（一）会议基本情况

会议时间：2008 年 11 月 4 日

会议地点：在城东村村部会议室

会议主题：针对磨子桥河水质污染严重，引起多名群众集访问题

会议组织方、主持人：镇"乡村环保非政府组织"

利益相关方：磨子桥河附近村民（朱云和城东村的村民）

责任相关方：扬子化工厂、飞龙玻璃公司、养猪专业户、豆制品坊代表

其他到会人员：镇政府、市环保局、市镇人大代表

（二）社区基本情况及实施背景

为了适应新农村建设的需要，年初有关部门投入资金对磨子桥河进行了抽干、清淤、护坡改造建设。但自 5 月以来，河水逐渐变黑变臭，散发出难闻的气体，影响沿河村民的生产和生活，群众反映强烈。市扬子化工厂生产冷却水向河里排放，水质监测基本达标，但不能说明其废水排入河里后没有危害。群众认为市飞龙玻璃公司可能有酸性废水排放，经公司主要负责人澄清生产工艺流程后，一致认可该公司无有害工艺废水向磨子桥河排放。2 个养猪专业户的猪粪不经处置直接排向水体，是造成磨子桥河水体污染的主要原因。3 个豆制品作坊的生产废水，不经过处理直接排向水体，也是直接造成磨子桥河水体污染的重要因素。磨子桥河上下水系不通，下游有河坝和涵洞，致使水流不畅，自净能力较差。

经市环境监测站 11 月 2 日取样监测，结果表明：所测飞龙玻璃断面、陶峰养殖场断面、扬子化工厂断面的 COD、氨氮、总磷超标均较严重，表现为严重的有机污染。

（三）会议实施情况和结果

会议达成如下协议：

1. 扬子化工厂立即封堵生产冷却水排放口，实行冷却水循环使用，不再向磨子桥河排放生产废水，同时，加强生产设备的检修、保养，严格投料出料工艺控制和管理，防止跑冒滴漏，减少生产废水排放。

市飞龙玻璃公司不得排放生产废水，其建设项目须经环保部门验收合格。以后若有新、扩、改建的建设项目，尤其是有废水排放项目，须经环保部门审批同意。

2. 2个养猪专业户和3个豆制品作坊必须遵守国家环保法律法规，履行环保审批手续，按照"三同时"规定，配套建设猪粪、废水综合利用或无害化处理设施，并经环保验收合格，不得向磨子桥河超标排放废水。

3. 由镇政府与市水利局协调，一是尽快疏通上下河水系，加大河道水质自净能力；二是研究能否取消磨子桥河最北边的河坝和涵洞。

4. 市环保局对有关排污单位和个人进行跟踪督查，对环境违法行为实行限期整改，不能限期整改到位的依法处理。

5. 作为促进公众参与、解决环境信访的有益探索，有关部门可定期不定期召开相关圆桌对话会议。

会后重点落实工作为：

1. 飞龙玻璃公司对使用高浓度酸生产工艺进行了改进，同时对生产废水集中处理，并重新更改下水排放管路，保持废水不排向磨子桥河。

2. 扬子化工厂生产废水使用活性炭吸附处理后达标排放。该企业受化工行业整治的直接影响，于2009年8月份被迫关闭。

3. 沿河3家豆制品生产户，其中2家房租合同已满，被迫搬出，还有1家等待租房合同到期关闭。

4. 沿河4家养猪户，迫于压力，已有3个养猪户改行，自行取消了养猪业，仅有养殖户赵伏根仍我行我素，非法向水体排放粪便。

姜堰市姜堰镇磨子桥河环境圆桌对话会议现场图

案例十　姜堰唐园村大林组圆桌对话案例

（一）会议基本情况

会议时间： 2008 年 12 月 18 日

会议地点： 姜堰生态家园协会会议室

会议主题： 针对市民营经济产业中心部分企业生产中排放废气、废水污染环境，引起唐园村大林组村民多起上访，甚至 50 多人联名上访问题

会议组织方、主持人： 镇生态家园协会二分会

利益相关方： 唐园村大林组的部分村民

责任相关方： 江苏维农生物科技有限公司、市永泰压力容器有限公司、礼恩派（泰州）有限公司、市华源精密铸造有限公司、市华胜石油钻具有限公司

其他到会人员： 镇政府、市环保局、市镇人大代表、市民营经济产业中心

（二）社区基本情况及实施背景

唐园村大林组部分村民住户位于市民营经济产业中心工业园区内，前期产业中心工业企业生产中排放的废气时有侵害附近村民和农作物的现象、气体排放时有刺激性气味，农户不能开门、开窗，树木、芦竹及农作物受损。企业生产废弃物乱堆乱倒。地表水沟一段时间水面漂浮石油类物质。经市环境监测站监测，大林组河沟内的 pH、石油类均超标。

市华源精密铸造有限公司金属表面处理废水今年 8 月虽上了酸雾接收塔，但由于职工培训不到位，技术不过关，时有冒黄烟超标排放现象。市华源精密铸造有限公司因一次柴油泄漏事故，导致了大林组河沟水面残留较多石油类物质。市礼恩派（泰州）有限公司、市永泰压力容器有限公司、市华胜石油钻具有限公司部分废弃物垃圾倾倒于大林组河沟表面，影响了村庄环境。江苏维农生物科技有限公司生产中的化工气体虽然经监测达标排放，但不是零排放，对周围环境也能带来一些危害。

（三）会议实施情况和结果

市华源精密铸造有限公司报批的环评项目，必须尽快按环评要求报市环保局验收。同时停止公司内现有金属表面处理不达标废水的生产，产品确要表面处理需送外加工，不得以牺牲周围环境来换取经济效益。

市华源精密铸造有限公司立即将漏油事故造成的水体污染设法消除，杜绝类似情况发生。

有治理设施的礼恩派（泰州）有限公司、江苏维农生物科技有限公司、市华胜石油钻具有限公司要切实加强干部职工环保意识教育，确保污染治理设施正常运转，杜绝生产中的跑、冒、滴、漏现象出现。

市产业中心加强园区管理，确保入园企业下水系统排放通畅。

唐园村对现有经济田块进行绿化，相关企业对以前倾倒河沟的废弃物垃圾主动组织清除，今后不得再向外乱倒废弃物。

唐园村大林组部分农田遭损情况，由村负责统计测算，由镇财政予以补贴。

市环保局对有关排污单位进行跟踪督查，对环境违法行为实行限期整改，不能限期整改到位的依法处理。

生态家园协会将跟踪督查各责任单位整改措施的落实情况，并予以通报。

案例十一　姜堰城南村圆桌对话案例

（一）会议基本情况

会议时间：2012 年 3 月 16 日

会议地点：城南村村部会议室

会议主题：针对城南村河水遭污染、农作物受侵害，引起多名群众举报、上访的环境信访纠纷问题

会议组织方、主持人：镇乡村环保生态家园协会

利益相关方：城南村村民

责任相关方：江苏阳山硅材料科技有限公司

其他到会人员：镇政府、市环保局、市乡村环保生态家园协会、市民营经济产业中心代表

（二）社区基本情况及实施背景

城南村遭受污染的基本情况：

地处江苏阳山硅材料科技有限公司西边城南村的鱼塘、毛家旺河一级丰产河在去年下半年和今年开春以来分别遭受了工业污水排放的侵害，造成水体变质、死鱼事件相继发生，农作物不同程度遭损。主要集中在城南村 1、2、3、7、8、9 组村民种植的青菜、黄芽菜、油菜以及农户承包田种植的小麦部分田块遭到了损害，且受损程度轻重不等。

经市环境监测站 2011 年 9 月 5 日和 11 月 2 日现场提取江苏阳山硅材料科技有限公司废水排放口水样监测，结果表明：9 月 5 日 pH 达 11.58mg/L，超标明显，11 月 2 日为达标排放。经市农委植保站相关专家现场对城南村农作物受损情况鉴定为：非农药、化肥使用过当所致损失。

江苏阳山硅材料科技有限公司自 2011 年下半年投产以来，由于企业重视了快投入、快建设、快投产。在废水治理上，忽视了操作人员培训和内部运行管理，导致了废水治理操作工使用药剂不均，废水排放口达标排放不稳定，时有排放废水超标现象，流入下游造成河塘死鱼事件发生。市民营经济产业中心自园区建设以来，未真正把企业污水管网建设与园区总体规划的建设实行"三同时"，这也是导致产生以上污染纠纷的根源所在。江苏阳山硅材料科技有限公司新上的酸雾处理吸收塔未能通过市环境监测站达标监测和市环保局组织的合格验收，即投入生产运行，酸雾塔所排放的气体，给周围环境是否带来危害成了人们猜测和焦虑的疑点。不同类别的蔬菜、农作物受损，是否是气体因素所致，目前未有证据考量和求证。

（三）会议实施情况和结果

解决农作物遭损问题是当务之急，在污染原因尚未查明的情况下，姜堰镇参会的林良泉镇镇长要将城南村村民农作物受损情况，向镇党政主要领导汇报，求得领导同情和支持，并以政府派员调查受损面积、受损种类，估算出遭损大致金额后，由镇政府以救济的方式，补偿村民的经济损失，以此缓解污染纠纷和矛盾的激化。

由姜堰镇农技站牵头，联系有关具有权威性的科研机构，将城南村村民农作物遭损和影响作物生长具有代表性的土壤取样检测，待检测结果得出后告知村民代表，让村民们了解土壤是否遭受了污染危害，减轻其心理负担。

江苏阳山硅材料科技有限公司通过此次圆桌对话会后，可以对周围村民怀疑企业生产中排放不明污染物质等疑问，有针对性地组织村民代表到企业查看，必要时可介绍和讲解企业的生产工艺、流程等情况，以此缓解村民们的疑虑。

江苏阳山硅材料科技有限公司必须依照环评要求，并在市环保局的监管下组织正常生产，企业所排放的废气、废水严格按照要求达标排放。同时，争取工作上的主动，项目建设尽快通过环保部门的验收，做到守法经营。

市民营经济产业中心要尽快与市住建局等相关部门对接，加快园区污水管网建设步伐，争取上半年启动工程建设，下半年整个管网与市污水处理厂管网并网，彻底解决园区工业废水无处排、环境容量小的负担。

姜堰市环保局要提高对江苏阳山硅材料科技有限公司等企业生产过程中的监管力度和频次，确保其依法生产、守法经营，一旦发现存在环境违法问题，依法予以严肃处理。

姜堰镇政府、城南村和城南村 1、2、3、7、8、9 组要积极与村民沟通，倾听村民的呼声，一旦再有解决类似环境污染事件的诉求，要及时处置、及时汇报，协调企业与周边群众的关系，妥善化解矛盾，维护社会稳定。

关于城南村村民与江苏阳山硅材料科技有限公司信访举报圆桌对话会后相关事宜的落实情况：

镇生态家园协会于 2013 年 3 月 16 日召开圆桌对话会后，就江苏阳山硅材料科技有限公司生产中产生的污染问题以及整改要求进行了跟踪督查和落实。

1. 关于废水排放中的 pH 超标问题：该公司按照环保要求，及时安装了在线监测仪，实行全天候 24 小时在线监测，确保废水达标排放。

2. 针对粉尘污染问题，对重点车间进行了突击改造整改，避免了生产工艺中的粉尘无组织排放。

3. 针对生产中酸雾气体排放问题，公司建起了酸雾吸收塔，并对环评中所提要求逐一进行了认真落实，为企业环评验收积极做好准备工作。

4. 该公司从与驻地村民和谐相处的角度出发，对附近农作物遭损的村民给予了适当经济补偿。

5. 由于公司光伏产品受国际大气候滑坡的影响，该企业于 2013 年 4 月被迫停产。

案例十二　姜堰太平社区圆桌对话案例

（一）会议基本情况

会议时间：2012 年 7 月 11 日

会议地点：太平社区二楼会议室

会议主题：针对太平社区富贵花园宠物店扰民环境信访纠纷问题

会议组织方、主持人：镇乡村环保生态家园协会

利益相关方：太平社区富贵花园居民

责任相关方：富贵花园 3 号楼宠物店店主

其他到会人员：镇政府、市生态家园协会、公安局、工商局、城管局、环保局、兽医监督所、镇人大代表

（二）社区基本情况及实施背景

富贵花园 3 号楼宠物店开业近三年，前二年的店主经营主要从事给宠物狗看病。从今年 3 月起，店主换人由钱秀慧、陶福权接手经营，主要从事给宠物狗洗澡、品种狗养殖、繁殖、出售，同时经营部分宠物美容品。宠物店随着经营范围的扩大，生意也越来越兴隆，给周围环境造成的污染危害也越来越大，不管白天还是夜晚，狗的嚎叫声时有发生。一旦遇有陌生人，狗的叫声就吵成一片。周围居民有生养、生病的，有在企业分别上白班、夜班在家休息的，有小孩在校读书回家后需要安静的生活环境等，曾先后发生过多起居民住户代表到富贵花园物业管理委员会、太平社区举报反映宠物店环境污染影响他们休息和安宁的生活环境问题，姜堰市城南派出所驻社区警务室为处理该纠纷也调解过多次。虽然宠物店店主积极配合做工作，但效果不大，周围居民群众对深受其污染危害的情况一直反映强烈。

根据市工商部门、兽医监督所相关人员调查反映，富贵花园宠物店环境意识淡薄，既未依法申报和取得养殖、繁殖、出售宠物等相关经营许可，又不采取任何污染防范措施，而擅自扩大经营范围是导致群起举报、上访的主要原因。

（三）会议实施情况和结果

污染根源来自宠物店，消除污染危害的动力因素也是在于宠物店。宠物店主钱秀慧在圆桌对话会上承诺：会后三天内将宠物店内的所有狗迁出，保证以后不再在店内收留、养殖狗，并接受相关部门提出的经营策略，对宠物出售的品种采用以下三种形式做广告：一是制作彩照进行样本式宣传，二是制成光盘在电脑、电视中播放，三是直接在互联网上销售。会议要求市工商

局、城管局、环保局、兽医监督所积极履行各自职能，督促宠物店限办、补办有关经营许可手续，依法经营；姜堰镇政府、太平社区要加强小区环境管理和督查力度，严防居民休息时段发生宠物吼叫声，发现店内宠物随处大小便要坚决抵制；市公安局要倾听群众的呼声，从维护社会安定团结的角度认真做好宠物店主的环境宣传教育工作，使宠物店主对守法经营从思想和认识上做到警钟长鸣；富贵花园 3 号楼宠物店周围居民要提升维护自身合法权益的意识，一旦在居民休息时段宠物店发生宠物吼叫声或宠物店的宠物在小区有随地大小便行为，要及时向社区及相关部门反映，以便将相关环境污染、扰民噪声等问题消灭在萌芽状态，营造小区稳定和谐的社会环境。

宠物店店主所做工作：一是窗户上贴上宠物的照片，二是宠物笼不在门口存放。结果是宠物的噪声有了好转，气味也没有以前难闻。但是因为店主更换，有些问题出现反弹，很不利于学生上学（有时宠物在门口交配），仍有些扰民现象。

案例十三　姜堰光明社区圆桌对话案例

（一）会议基本情况
会议时间：2010 年 5 月 17 日

会议地点：姜堰镇光明社区

会议主题：餐馆建设

会议组织方、主持人：乡村环保生态家园协会姜堰镇一分会

利益相关方：光明社区居民、人民北路居民

责任相关方：项目建设投资人丁国平

其他到会人员：镇政府、环保局、生态家园协会

（二）社区基本情况及实施背景
事件起因源于项目投资人丁国平购得人民北路 2 号楼—5 号楼一套 118 平方米非住宅房，并对该房进行装潢，拟开饭店。由于担心安全、环境污染等因

素，5 号楼全体居民坚决不同意。

（三）会议实施情况和结果

后经跟踪督查，丁国平将自家非住宅房建成小区超市，彻底解决了这起环境风波。

案例十四　姜堰唐园村大林组圆桌对话案例二

（一）会议基本情况

会议时间：2011 年 3 月 10 日

会议地点：姜堰市民营经济产业中心园区办公室

会议主题：针对唐园村大林组村民对江苏维农生物科技有限公司环境污染来信来访纠纷问题

会议组织方、主持人：镇乡村环保生态家园协会

利益相关方：村民代表

责任相关方：维农生物科技有限公司

其他到会人员：镇政府、市环保局、市民营经济产业中心代表

（二）社区基本情况及实施背景

唐园村大林组村民反映维农生物科技有限公司生产中排放废气，不仅导致附近农作物受损，而且周围村民生活中呼吸的新鲜空气也遭受到了污染，严重影响着周围村民的生产和生活。村民们相继向有关部门举报、集访该公司污染环境的行为。

根据省环保厅以及姜堰市环保局对江苏维农生物科技有限公司进行的现场检查情况认为：该企业按照环保要求审批。生产车间的无组织排放的有机废气由空调收集系统改为有组织集中排放，厂区内无明显化工异味。同时，经激光测距仪实测，江苏维农生物科技有限公司与最近居民住宅间的距离为 118 米，但企业与居民住宅间未设置卫生防护林带。该公司承诺将以江苏华夏塑业有限

公司发展为主导，两年内全面实现产品转型，停止现有化工产品生产。

通过相关调查人员走访和现场勘查，唐园村大林组村民反映在农田作物畸形、黄化、萎缩甚至枯萎、绝收的主要原因初步论断为受外界有害物质侵害。大林组村民生活中闻到的恶臭气体，有可能是某一生产经营企业在某一时间段内向自然界排放了废弃物，受风向的自然吹飘，而进入村民生活区域的范围内，使其感到恶臭难闻。

江苏维农生物科技有限公司生产中，虽然按照环评中的环保要求进行达标排放，但不是零排放。村民认为周围没有其他的化工企业，怀疑该企业排放废物污染环境有一定道理。

由于村民是在某一区域某一时段内闻到的恶臭气体，环境监测人员不能及时现场采样、监测，这是导致难以及时鉴别污染源、污染企业的直接原因。

（三）会议实施情况和结果

1. 唐园村、市民营经济产业中心园区办要立即协同与国土部门对接，将大林组村民区域与市民营经济产业中心相隔间的几十亩土地流转，按照姜堰镇环境保护规划和民营经济产业中心规划要求，设置栽植不小于 100 米宽度的卫生防护林带。

2. 江苏维农生物科技有限公司向大林组村民做出承诺，两年内自行转型，确保两年后自行关闭化工生产线。在此基础上，对目前的化工生产线项目进行一次大检修，杜绝跑、冒、滴、漏。生产中排放的污染物要经市级以上环境监测部门监测，在确保达标排放的基础上，经大林组村民认可，方可再正式投产。

3. 姜堰市环保局要提高对江苏维农生物科技有限公司生产过程中的监管力度和频次，确保其依法生产，守法经营，一旦发现存在环境违法问题，依法予以严肃处理。

4. 姜堰镇政府、唐园村、大林组要积极与村民沟通，倾听村民的呼声，一旦再有类似污染环境的诉求，要及时处置、及时汇报，协调好企业与周边群众的关系，妥善化解矛盾，维护社会稳定。

5. 江苏维农生物科技有限公司代表与驻地集访村民代表现场协议做出承

诺，将生产设备内的材料生产完后，于 3 月 15 日前停止生产，待查明污染源不是该公司生产导致的，群众认可后方可复工。

案例十五　姜堰城北村圆桌对话案例

（一）会议基本情况

会议时间：2012 年 12 月 22 日

会议地点：姜堰镇政府二楼生态家园协会会议室

会议主题：针对城北村 12 组村民和驻城北村三水厂宿舍区居民不断举报附近养鸽专业户的环境污染信访纠纷问题

会议组织方、主持人：镇乡村环保生态家园协会

利益相关方：城北村村民代表、驻城北村山水厂宿舍区居民代表

责任相关方：养鸽户代表

其他到会人员：镇政府、市环保局、市工商局

（二）社区基本情况及实施背景

2011 年 12 月 14 日，城北村 12 组村民张小进与市经济开发区城西村 15 组村民卢宜兵二人合伙在城北村 12 组租用 2 亩地建起了养鸽大棚，开始从事肉鸽繁殖和饲养。随着时间的推移，鸽子饲养数量的不断增加，养鸽场对周围的环境污染也随之逐步加大，驻地村民、居民受到的危害也越来越大。从 2012 年年初起就有村民和驻城北村三水厂宿舍区的居民到城北村陆续反映情况，要求养鸽户不要对周围住户及环境产生危害。2012 年 9 月 17 日由驻城北村三水厂宿舍区的居民王才珍带领的 7 个居民住户和 10 月 11 日王芬带领的 6 个居民住户分别到镇信访办上访，举报养鸽专业户的鸽毛到处飞、排放恶臭气体和鸽子饲养中嘟嘟的叫声，严重影响他们的休息和安宁的生活环境，要求政府妥善处理和解决。虽然市环保局和镇环保办先后都找过养鸽专业户解决环境污染问题，但成效不明显，两个养鸽户仍继续从事养殖经营，周围居民怨声载道。

根据市工商局、环保部门相关人员检查反映，虽然养鸽户张小进过去在家

中饲养鸽子时申领了"经营许可证"，但从 2011 年与卢宜兵重新选址合伙饲养鸽子后，既未依法申报和取得饲养、繁殖、出售等相关经营许可和环保审批手续，又不采取任何污染防范措施，擅自扩大饲养经营范围是导致群起举报、上访的主要原因。

（三）会议实施情况和结果

　　根据姜堰市人民政府办公室文件姜政办〔2012〕25 号《关于印发姜堰市畜禽养殖区域划分方案的通知》精神，姜堰镇城北村 12 组属于新通扬运河以南、新 328 国道以北、宁靖盐高速公路以东、宁盐公路以西范围内的城市建成区范围，为畜禽禁养区，城北村养鸽户张小进、卢宜兵（即后来过户为崔顺元的户主）均被纳入禁养户，是被取缔对象。会上，养鸽专业户张小进做出表态和承诺，既然政府现在不允许在城区养殖鸽子，我支持政府行为，叫不养就不养，服从管理。而养鸽户崔顺元（即后期接手卢宜兵养鸽场的人）陈述家庭困难，家中除了饲养畜禽外，别无其他生活来源和生活出路。面对崔顺元在圆桌对话会上表述坚持要养下去的实际情况，相关职能部门和参会的村民、居民代表针锋相对，严正交涉，对其提出了严肃批评。会议要求崔顺元、张小进在近期（最迟在本次会议后的 30 天内）尽快妥善处理大棚内的鸽子，拆除鸽棚（不养鸽改为大棚种植除外），逾期仍不履行拆除大棚的，姜堰镇政府以及环保、工商等部门，将联合城管、规划部门强制拆除养鸽大棚，其一切损失由养鸽户自行承担。必要时，镇生态家园协会将再次召开圆桌对话会议，以彻底解决环境污染危害问题。

案例十六　姜堰兴泰镇圆桌对话案例

（一）会议基本情况

　　会议时间：2006 年 3 月 26 日—28 日

　　会议地点：兴泰镇镇政府大会堂

　　会议主题：针对拉丝企业排污影响周边居民生活的环境问题

会议组织方、主持人：泰州市环保局、姜堰市环保局人员

利益相关方：当地居民

责任相关方：当地拉丝行业的企业代表

新闻媒体：当地媒体代表

其他到会人员：兴泰镇镇政府

（二）会议实施情况和结果

会上政府代表和企业代表就当前拉丝行业的污染问题和相应的举措向市民进行了报告，市民代表也就自身关注的问题提出了质疑和建议。

圆桌对话会上，群众代表们提出的环境整治问题一个比一个尖锐，相关部门的回答也让老百姓心里有了"明白账"。兴泰镇三里泽村党支部书记、镇人大代表吴友权提问：姜堰市华杰金属丝网厂的废水是采取什么方法进行治理的？该厂厂长张杰解释说：针对拉丝过程中酸洗产生的污水排放，该厂已先后投入环保专项资金7.8万元，购置了污水处理设备，并于2006年6月通过了由姜堰市环境监测部门组织的验收审批。今后我们将继续加大技改力度，致力克服拉丝生产中酸洗产生的废水处理难题，积极配合支持环保部门和社会各界监督指导企业的环境保护工作，真正让兴泰的"天更蓝、水更绿"，共建我们美好和谐的家园。

群众代表花正泉向环保部门专业人士询问，排放的废水是否影响农作物的收成？用污水灌溉生产出来的农产品会不会对人体产生危害？拉丝企业的废水排放到河流中，是否会对地下水造成影响，继而影响到我们饮用水的安全？有关专家一一进行了解答。

而会议开始前宣告成立的首届兴泰镇环境信息对接与圆桌对话会议组织即环保非政府组织（NGO）更是成为此次对话会议的一个亮点，该组织由环保局、当地政府相关人员和群众代表共十四人组成，有独立的章程，主席为该镇镇长，秘书长为姜堰市环保局副局长。该组织在姜堰市环保局及兴泰镇党委、政府指导下工作，通过定期召开会议（每半年召开一次）、公布会议结果等形式，唤起全镇的环境保护意识，及时发现和解决不锈钢拉丝企业及其

他行业对全镇造成的环境污染和危害，从而促进全镇环境保护和社会经济的协调发展。

这次会议之后，姜堰市环保局及当地政府相继出台了有关文件，明确规定该镇及周边地区禁办不锈钢酸洗项目，对已有的企业采取技术改造、产业升级等方式替代落后的酸洗工艺，同时，非政府组织的成员也积极监督企业的排污行为，协助环保部门及时查处环境违法事件。截至2008年11月，该镇共关闭酸洗工艺30条，镇区内仅剩两家规模较大的酸洗生产企业，其他均送至附近的兴化市戴南镇集中处理，数据显示，该镇的河水水质和空气环境质量较2007年明显改观，兴泰镇群众环境信访投诉由2006年近20件降至2008年仅为2件。

案例十七　姜堰罡杨镇圆桌对话案例

（一）会议基本情况

会议时间：2007年5月25日

会议主题：罡杨镇区内浴室及锻造企业的烟尘、自来水水质等问题

会议组织方：罡杨镇乡村环保非政府组织

利益相关方：当地居民

责任相关方：市环保局代表、企业代表

（二）社区基本情况及实施背景

2007年4月，姜堰市环保局选择了群众基础较好、素质较高的"全国千强镇"罡杨镇倡导成立了由当地德高望重的者老、人大代表、政协委员及青年志愿者组成的我市乃至全国首个乡村环保非政府组织，该组织围绕监督企业达标排放、督促企业配套污染治理设施、协调一般环境信访等方面积极地开展工作。

（三）会议实施情况和结果

5月25日下午，罡杨镇乡村环保非政府组织牵头召开了罡杨镇环境信息对

接与圆桌对话会议。

为了真实地了解民意，让圆桌会议涉及的问题更加具有针对性、代表性，能够解决实际问题，非政府组织与市环保局联合在罨杨镇进行了环境保护的问卷调查，发放调查问卷 100 份，统计结果表明，罨杨镇老百姓的环境意识比较强，参与环保的热情比较高，同时对镇区内的几处"黑龙"浴室及锻造企业的烟尘、自来水水质等问题格外关注。

"现在我们罨杨镇全镇都用上了自来水，那么企业排放的废水是不是会影响饮用水的安全？"居民代表请环保局负责人回答。"根据我局定期监测的结果，罨杨镇河水水质是安全的，且罨杨镇自来水一直使用地下水，可以说饮用水是安全的，"环保局人员解答，"我市一直开展饮用水源地专项执法检查，确保人民群众饮水安全。"

"我们现在喝的水是深井水，有没有经过消毒？抽用地下水会造成地面下沉，水厂有什么打算？"一位村民代表问道。罨杨镇自来水方面的负责人回答："我们提供的自来水是抽取地下水经过沉淀后，通过二氧化氯发生器消毒再送到村民家中的，自来水是卫生安全的，由于目前我镇人口不多，自来水用量不大，地下水抽取量在允许范围内，所以不会造成地面下沉，请大家放心。"

"我想问一下 ×× 磨锻厂的代表，我有时看到你厂烟囱冒黑烟，你们厂用的什么炉子？用的什么燃料？有没有采取什么治理措施？"人大代表施国华质询道。企业负责人回答："目前，我厂使用燃煤加热炉，燃料是烟煤，正在按照环保局的要求配套除尘设施，而且我已打算将厂搬到工业集中区，并且换成中频电加热炉，彻底解决冒黑烟的问题。""那你何时能将除尘设施安装到位，何时能搬迁到位？"施国华继续询问。"预计一个月后，设施能够安装到位，搬迁的问题，如果变压器安装顺利，年底能够完成搬迁。"企业负责人回答。"要是一个月后设施没有安装到位怎么办？"施国华再次询问。"我们将依法查处，前期已对其下发了限期整改通知，逾期未整改，将责令其停止生产并罚款，直至其配套设施到位并通过环保验收，"市环保局环境监察人员回答，"所以在此提醒 ×× 磨锻厂要抓紧，务必在规定时间内将除尘设施安装到位。"

"通过这次会议，政府和环保局的承诺是否能落实？这次会议开完后你们和镇上会有什么行动？是不是开完这次会议就可以解决我们地区存在的污染问题？具体措施是什么？"

环保局负责人回答："今年元月 10 日，我们在兴泰镇召开了一次圆桌对话会议，成立了一个环保非政府组织，几个月过去了，据了解和统计，会议召开以后环境信访量较去年同期明显下降，企业的环境守法意识有所提高，企业与群众的关系趋于缓和。那么，这次在罡杨镇召开圆桌对话会议，肯定不是图形式、走过场，我们通过与大家面对面交流的机会，向大家报告我们所做的工作，同时及时了解大家的要求，我们会将我们的承诺落在实处。当然，这次会议并不能解决罡杨镇存在的所有环境污染问题，是一种循序渐进的过程，需要一定的时间，那么今年我们将主要针对罡杨镇的烟尘进行整治，我想，我们在座的想法都是一致的，就是让罡杨的环境变得更好。坦率地讲，我们的工作量很大但人手有限，因此希望今天刚刚成立的环保非政府组织发挥巨大的作用，你们在罡杨镇的环境保护事业中有着举足轻重的地位，你们的积极投入，将会促进形成罡杨镇立体式的环境监督体系，从而提高环境监管的效率。同时，我们的企业更要自觉遵守国家的法律、法规，因为，从今天起，罡杨镇的环保非政府组织将会对企业的环境行为实施高效、快捷的监督，企业在发展经济的同时，必须充分考虑到保护好周围的环境。"

市环保局表示，要将乡村环保非政府组织及环境圆桌会议这种公众参与的形式推广到社区、村、组，真正使最基层的老百姓了解环保、参与环保、支持环保，从而齐心协力解决好出现的环境问题。

各方承诺迅速见效。据统计，自罡杨镇乡村环保 NGO 举办这次圆桌对话后，全镇各类排污企业主动投入资金 360 多万元，建成了一批高水准的废水、废气治理设施。而农民环境信访投诉比 2006 年同期也下降了近 20%。

姜堰市罡杨镇环境圆桌对话会议现场图

案例十八　姜堰古田社区圆桌对话案例一

（一）会议基本情况

会议时间：2007 年 8 月 27 日

会议地点：姜堰镇古田社区

会议主题：社区内小区原物业公司撤场导致的小区环境管理问题

利益相关方：金桂园小区居民代表

责任相关方：社区居委会、业主委员会、建设局物业管理处代表

（二）社区基本情况及实施背景

2007 年 8 月，姜堰镇古田社区主任戈艳玲遇到了一个棘手问题，社区金桂园小区原物业公司因经济原因撤场，小区处于无人管理状态，小区内杂草丛生，垃圾桶破损严重、垃圾遍地，下水道堵塞，道路多处破损无人维修，小区

居民不断到居委会反映情况。

（三）会议实施情况和结果

2007 年 8 月 27 日，由社区居委会、业主委员会、建设局物业管理处及小区居民代表参加的社区环境圆桌会议召开。经过近 2 小时的激烈争论，会议最终达成一致意见：建设局物业管理处出资，业主委员会牵头对该小区实施环境整治，召开业主大会尽快招聘新物业公司进驻小区实施统一管理。

一个月后，建设局物业管理处出资近 30 万元对小区及周边环境实施了整治，维修路面 500 米，疏通排水管道 1200 米，同时引入新的物业公司进驻小区，担负起日常管理职责，小区面貌焕然一新，居民对此十分满意，并向居委会赠送锦旗，看似麻烦的问题在短时间内得到根本解决。

案例十九　姜堰古田社区圆桌对话案例二

（一）会议基本情况

会议时间： 2007 年 8 月 27 日

会议地点： 姜堰镇古田社区

会议主题： 社区内小区原物业公司撤场导致的小区环境管理问题

利益相关方： 金桂园小区居民代表

责任相关方： 社区居委会、业主委员会、建设局物业管理处代表

（二）会议实施情况和结果

2008 年 10 月 11 日下午，姜堰镇古田社区再次召开社区环境圆桌会议。参加单位为社区居委会、姜堰镇东桥村（社区所在村）、市园林管理处及居民代表，会上居民反映社区内几个居民小区环境很好，但是周边环境不尽如人意，绿岛内杂草多、塑料袋多、居民种植现象严重。

针对居民反映的问题，会议拿出了具体实施方案，由社区居委会、东桥村发起倡议号召所有居民、村民清理种植物，但对不妨碍美观的种植予以保留，

市园林管理处负责社区补绿到位。不到一周时间约 1000 平方米补绿到位，问题得到了彻底解决。

案例二十　姜堰顾高镇圆桌对话案例

（一）社区基本情况及实施背景

顾高镇夏庄村，有屠宰山羊专业户 18 户，致富的同时带来了环境污染问题，宰羊废水到处流，羊腥味大，周围群众多次到村民委员会反映，但一直难以解决，为此姜堰市乡村环保生态家园协会顾高分会以召开建设座谈会为契机召集村民代表、屠宰户、村委会商讨解决对策，同时邀请市环保局提供技术支持。

（二）会议实施情况和结果

"这个问题能否采取以下几个步骤解决，结合新农村建设和农村环境综合整治，屠宰户每家每户结合厕所改造建三格式化粪池，废水经发酵后用于肥田，既能解决环境污染问题，又能减少化肥用量，一举两得。我们初步测算了一下，每户改造费用 1000 多块钱，加上镇政府改厕补助资金，每户实际支出只需三四百元。"村支书钱忠杰首先发言。

村民代表薛为宽发问："李齐林（一屠宰户），即使你按照钱支书说的建了化粪池，你能保证今后你的废水不会流到河沟内？"

"我能保证，请你和在场人监督，只要发现我将废水流到河沟内，我自愿罚款 1000 元。"李齐林回答。

村民代表周厚林继续发问："你们不要说一套做一套，李成卫（屠宰户）你会按照钱支书说的做吗？"

"我保证一定按照支书说的做，不信，我明天就开始，请你监督。"李成卫回答。

"你们什么时候能把化粪池建好？"村民钱存珍问。

"我代表所有屠宰户保证 12 月底弄好。"屠宰户薛为喜答道。

....

"请你们要说话算数，到时镇生态家园协会将要求政府部门实施验收。"姜堰市乡村环保生态家园协会顾高分会江太龙会长讲话。

座谈会结束后，参会人员还实地走访了几户屠宰户，现场询问了生产、排污以及规划建设治理设施的有关情况。

通过面对面的交流、争论，一些平时难以触及的问题被摆上了桌面，被说穿了，交流、争论带来了对话、沟通，增进了彼此间的理解。

目前，18户屠宰户已有15户建完了化粪池，其他3户也已接近尾声，一个长期困扰当地的环境问题即将解决。

案例二十一　姜堰桥头镇圆桌对话案例

（一）会议基本情况

会议时间：2008年12月10日

会议地点：姜堰市桥头镇

会议主题：当地养殖业粪便污染、秸秆焚烧污染及综合利用问题

会议组织方、主持人：市乡村环保生态家园协会桥头分会

利益相关方：当地村民代表

责任相关方：市环保局、桥头镇镇政府

（二）会议实施情况和结果

"据了解，今年我们桥头镇回绝了两家投资超亿元的化工厂，不简单，在如今招商引资求发展的关键时期，镇政府领导能够顾全大局，为老百姓着想，体现了执政为民的理念，相信政府会一如既往地做下去，同时我们桥头各村都配备了专职环保员，设置了垃圾箱，建起了公共厕所，做到了'垃圾有人倒、路上有人扫、环保管到位、百姓齐称道'，桥头天蓝水清。"姜堰市乡村环保生态家园协会桥头分会薛广银会长首先发言。

"我镇的新农村建设的确搞得不错，投入也很大，但是养殖业粪便污染严

重，需要集中处理加以解决。"一位老同志发言。

"这个问题确实存在，经常有人向我们反映，我们打算分两步走，对于已有的小型养殖户，要求采用化粪池集中收集，堆肥还田；对新上的养殖项目，实施规模化，从规划选址到治理设施建设等全程督查，不产生新污染源，不让投资者走冤枉路。"该镇副镇长于军回答。

"还有秸秆焚烧的问题，政府一定要想办法解决，实在太严重了，熏得人眼睛疼，孩子没有办法学习，还容易造成交通事故。"一位村民说。

"我认为，解决这个'老大难'问题，关键是解决如何使秸秆综合利用，现在村民不烧草做饭，草到哪里去，光靠政府行政命令，即使镇、村干部24小时在田头监督，也保不住'狼烟四起'，秸秆还田效果好，但关键如何还田，我建议进田参加收割的收割机必须启动切碎装置，不配此装置的不允许进田收割，但这个环节必须以政府行为来规定，收割费每亩增加5—8元切草费，这个费用可以由政府和村里相应补贴一些，切碎后的麦秆、稻秆可以用拖拉机进行旋耕还田，从而从根本上杜绝秸秆燃烧。"镇农机站原站长李林山建议。

"这个建议不错，有可行性，会后我们带到农业等相关部门讨论，"市环保局副局长赵子宏说，"今年市政府成立了由分管市长任组长，市环保、农业、农机等14个部门负责人为成员的秸秆禁烧工作领导小组，制定下发了《姜堰市2008年秸秆禁烧工作方案》，实行一把手负责制，层层签订责任状，把禁烧任务分解到村、组，落实到每家每户。作为全市秸秆禁烧工作牵头部门，市环保局责无旁贷，主动包保重点区域姜堰镇、经济开发区的37个行政村，除抽出5人参加市政府组织的督查组对全市进行巡查外，我局抽调41人，组成9个巡查组，由局负责人带队，对包保区域进行不间断巡查。中、高考期间，我局巡查组对包保区域进行全天候巡查，发现焚烧行为，立即制止，并扑灭火头，对当事人进行说服教育，对屡教不改、仍焚烧秸秆的责任人依法给予经济处罚，努力为广大考生营造清新的休息和考试环境。今年秸秆禁烧工作中，我局共出动执法人员686人次，扑灭火头315处，现场处罚72户，达到了打击少数、教育全体的目的。尽管各级领导高度重视，各相关部门认真履职，但禁烧效果仍不尽如人意，要从根本上解决焚烧秸秆问题，需要政府的引导和推动，上级部门政策的扶持，科技人员的不断研究与探索，各级财政专项资金的支持，基层干部和农民的广泛参与，农机机械的配套结合。"

"我们自己也要自觉，在没有更好的解决方法之前，先将秸秆收集打包堆放，不要动不动就点火烧，有人说烧好后的灰肥力足，这是没有科学依据的，现在都讲科技兴农，何况我们烧了秸秆，我们自己也是受害者，岂不是得不偿失，因此，我们广大的农民兄弟要正确理解秸秆禁烧，积极实施秸秆综合利用。"姜堰市乡村环保生态家园协会桥头分会薛广银会长发言。

…………

针对秸秆禁烧、综合利用问题，在通过多次圆桌会议广泛征求各方意见之后，姜堰市人大、环保部门于 2009 年 3 月分别赴北京、湖北、河南及省内先进市考察调研，争取尽快拿出符合当地实际的解决方案，从根本上消除焚烧秸秆隐患，使秸秆"有处可去"，变废为宝，多管齐下，解决秸秆燃烧这一顽症。

案例二十二　姜堰娄庄镇圆桌对话案例

（一）会议基本情况

姜堰市乡村环保生态家园协会娄庄分会组织镇政府、相关企业、部分村民委员会通报全年的环保工作，市环保局参加会议。

（二）社区基本情况及实施背景

"秸秆禁烧现在是个热点话题，听说袁联村秸秆综合利用有妙招，能否讲讲，让其他村学习借鉴。"一位村民询问。

"1. 我们袁联村每组都安排了一名专业督查员，如发现一户秸秆焚烧或倒入河中，依据村规民约进行处罚；2. 船到田头定价收购秸秆，解决秸秆运输难的问题；3. 建成占地 50 亩的双孢菇场，使用稻草搭建菇棚，年消耗稻草近1000 吨；4. 2008 年 2 月，本村村民胡碟官创办草料加工厂，收集稻草压缩打包，用船运往福建等地，年收购销售秸秆 2000 吨。以上几个方面使得我村杜绝了秸秆焚烧和下河造成的环境污染。"袁联村村支书介绍。

"今天是生态家园会议，我想问一下，生态家园协会的有关情况以及具体做了哪些事情？"一位村民问。

"我们全称是姜堰市乡村环保生态家园协会娄庄分会，成立于今年 6 月 14 日，由我镇老干部、老党员、老教师、人大代表、环保志愿者等成员组成，目前协会共有成员 19 人，我是协会的会长。协会主要担当督查企业污染设施运转、排污，重大建设项目社会公布、广泛征求意见，监督政府环保事务信息公开，及时介入环境信访纠纷处理等职责。7、8 两个月我们对企业先后开展了'禁止使用雨水口排放污水'、'企业污染设施运转明察暗访'活动，对企业的排污行为进行有效监督，同时我们每个月都组织协会成员和环保志愿者参加我镇社区义务劳动和环境宣传，这些在座的应该经常看到，通过我们的劳动和宣传，大家的环境意识有了很大的提高，不说别的，我们发现扔烟头和塑料袋的较以前要少了很多，我们在活动广场栽了桂花，以往经常被摘，但今年明显改观，一是我们有人巡查，二是通过宣传，大家互相监督，不好意思摘了。"协会会长丁昌喜介绍。

"那我们可否加入进协会？"村民笑着问。

"只要是热心环保，采取公开、合理、合法形式参与我镇环境保护工作的均可加入。"丁昌喜笑着回答。

…………

座谈会气氛融洽热烈，群众参与热情高涨，一个政府主导、公众参与的环境保护新格局展现在大家眼前。

案例二十三　柳州笔架社区圆桌对话案例

（一）会议基本情况

会议时间：2009 年 9 月 1 日

会议地点：柳州市柳北区钢城街道笔架社区

会议主题：社区居民养犬、饲养家禽问题

利益相关方：社区居民

责任相关方：柳北区钢城街道办、柳钢物业公司、柳北公安分局、柳北区执法局、柳北区环保办、柳北区爱卫办、社区居委会干部

其他到会人员：自治区绿色环保系列创建活动办公室、柳州市环保局、柳州市柳北区人民政府

（二）社区基本情况及实施背景

颈上不拴链，在小区里吓得居民大喊大叫；嘴上不戴嘴套，半夜狗吠扰人清梦；大小便不自觉，在花园、楼道里画"地图"埋"地雷"……由于养犬户的不文明养犬行为，使养犬问题成为近年来各地居民投诉的一大热点、难点问题，纷争不断。

（三）会议实施情况和结果

1.利益方：夜半时闻鸡鸣狗叫

"我们社区有很多养鸡和养狗的，目前还有上升趋势。半夜时分，经常会被鸡鸣狗叫声吵醒……"作为圆桌会议的利益方代表，来自笔架社区的一名居民首先发言说，狗吠声影响了居民休息，而且，狗主人遛狗时让它们随地大小便，严重影响了社区环境。为维护社区环境，该代表希望狗主人们在遛狗时，带上卫生纸，文明遛狗。同时期待政府出台相关措施，规范养狗行为，文明养狗。

该代表的发言引起了运输社区代表的共鸣。他表示，运输社区的养鸡户较多，且大多数是放养，小区内的花草都被鸡吃掉了，居民意见非常大。特别是每当半夜鸡叫时，小区的狗也会跟着一起叫，整个小区一片鸡鸣狗叫，严重影响居民休息。为此，他曾找物业公司反映，但对方表示管理有困难。他认为，应多部门联合起来，搞好环境卫生，使居民安心。

"不让养吧，于情于理说不过去；养吧，又影响居民生活。只有建立一套法律机制来约束，才能把养狗的问题规范起来。"雀山社区的代表建议说，"执

法部门应加强对养殖家禽的管理：第一，要制定相应的法律法规和管理制度，如养狗必须申请办证，这在很多地方都执行了，但柳州还没有执行；第二，为了让养鸡养狗户讲究公共卫生，不让鸡和狗乱拉粪便影响环境，环保部门应对养殖户开征环境污染费；第三，由公安、物业、社区等部门联合组成监督检查小组，进行定期不定期的检查；第四，在社区设立居民投诉点，居民有意见可以书面形式反馈到检查小组，再由检查小组进行检查。"

2. 责任方：杜绝"狗患"关键在人

在随后的责任方答疑环节，来自柳北区钢城街道办、柳钢物业公司、柳北公安分局、柳北区执法局、柳北区环保办、柳北区爱卫办、社区居委会干部等，就利益方所提出的问题进行了答疑。

柳北区环保办的有关负责人表示，对于利益方提出的征收排污费问题，目前来说，我国还没有立法，不可能征收。他认为养狗本身无可厚非，但杜绝"狗患"关键在人。狗主人要管好自己的爱犬，多为别人着想，不要对环境卫生造成影响。比如遛狗的时候，带个袋子，将狗粪便收集起来放进垃圾箱。另外，狗还带有很多传染病，卫生防疫一定要做好。

柳北公安分局代表说，目前，养狗办证工作在柳州还没有开展，由于无法可依，在管理上存在难度。而对于扰民的狗，主要是依据《治安管理条例》进行管理。为避免邻里纷争，他也建议狗主人们在遛狗时给狗拴狗链、戴嘴套，不要携狗乘坐公交车，不要影响他人生活，

对于小区养鸡问题，一名责任方代表提出的建议相当人性化，比如家里有人坐月子的，可以考虑给两个月养鸡时间，春节期间给 1 个月的养鸡时间。同时指出，对于这种特殊情况，养鸡只能是圈养，不允许放养。

3. 养犬户：跟我一起文明养犬

"我遛狗时，随身带着塑料袋，随时清理狗粪便。"养犬户陈女士在会场呼吁社区居民跟她一起文明养狗。陈女士养的是一只流浪狗，狗狗到她家已经 5 年了。她说："我现在已经退休了，孩子又不在家，不养狗很寂寞。"

一名居民代表表示，如今，他们所在社区环境卫生越来越差，居民意见很大。他曾经对养狗户提过意见，让他们随手捡起狗粪便，可狗主人却说，别人

都不捡我为什么要捡。这名代表还坦言："我家也养鸡，你要我杀可以，一两天我就杀完了，关键是政策要让我心服。"

经过对话，大家最终就小区文明养犬问题达成了六点共识：制定《关于规范社区居民养狗、饲养家禽行为的公约》；组建"规范社区居民养狗、饲养家禽"联合执法队；严禁社区居民利用杂物间饲养家禽；与社区居委会签订文明养犬公约；养犬户文明养犬，牵犬出门时带塑料袋、卫生纸；严禁社区居民在生活住户区内饲养家禽，现已饲养家禽的居民须在 9 月 30 日前将自养的家禽处理完毕，社区居民如遇春节或家事等特殊情况需暂时性饲养家禽的，要报柳钢物业公司同意后，在规定时间内实行圈养，凡未经同意圈养或放养家禽的，一旦发现立即交由联合执法队进行捕捉处理等。

案例二十四　南京山潘街道地区圆桌对话案例

（一）会议基本情况
会议时间：2007 年 6 月
会议地点：南京六合区山潘街道
会议主题：地区环境质量、防护绿地建议、大企业污染减排、街道环境
利益相关方：社区
责任相关方：企业、政府

（二）社区基本情况及实施背景
在与扬子石化毗邻的六合区山潘街道，一场这样的圆桌会议在平等与博弈的氛围中进行。来自政府、企业和社区的三方代表就本地区环境质量、防护绿地建议、大企业污染减排、街道环境信息公开等焦点展开了积极、有效的商议与切磋。

（三）会议实施情况和结果
焦点一：靠什么保护我们的"呼吸"
作为化工企业的聚集之处，沿江工业开发区也是污染气体排放的高密度

区。 对话刚一开始，沿江工业开发区环保局的于孟钢首先就居民所关心的空气质量问题向居民代表做了介绍。

他说，为"网"住污染，开发区南侧将沿大厂二桥连接线营造了防污隔离林带 1.2 万亩；西侧以雍六路、江北大道为界，建设一定宽度的绿色通道；东侧和北侧沿六合区瓜埠、玉带至雄州灵岩山一线营造一个网状的防污隔离林。这个防污隔离林形成拱形坡度防护体系，能有效地防止化工区的污染扩散。 看到社区居民的欣慰表情，他又说，化工园区的空气自动监测站于去年 9 月正式投入运行，并和南京市监测站联网，对化工园区的空气质量进行 24 小时监控，一旦空气状况有异常，能够在第一时间发现问题。 空气监测系统运行稳定之后，将向居民公示园区空气质量状况。

焦点二：明年能否吃上"远古水"

"我们何时能吃上远古水厂的水？"山潘街道的居民非常关心这个问题。原来，山潘街道一直使用的是扬子水厂的水，由于取水口靠近大企业，水质不是特别理想。 为了让百姓喝上更干净放心的水，南京市政府在对岸的八卦洲另建了一座远古水厂。 但目前，山潘街道居民尚未用上"远古水"。

沿江工业开发区管委会副书记田伟介绍说："按照设计，远古水厂的总调水能力在 45 万吨左右，目前已经有 5 万居民喝上从远古水厂调来的水，预计到明年就可以完成扬子水全部切换成远古水的供应。 但是现在也有一个问题，有一些群众在抵制改造工程，原因是调来的远古水比当地的水价要贵一块多钱。 我正好要请今天来的社区代表回去多帮我们做做宣传，不要贪便宜，身体的健康比任何事情都重要。"

焦点三：对废旧电池处理不够满意

细心的居民观察到分类垃圾箱虽然有专门放电池的垃圾桶，但是，每次垃圾车来的时候废旧电池还是被一股脑儿地混在其他垃圾中拖走。 有居民发问："这样的分类有什么意义？ 废旧电池到底应该怎么处置？"

面对市民的疑虑，市环保局政策法规处处长李刚给予了解答："垃圾分类的问题是市容部门在管。 但是垃圾分类处理的确有很多难题尚待解决，相关的部门也在研究有效的处理方式。 环保部门有废旧电池的收集点，宣传可能不够到位，我回去之后会将废旧电池的收集点给予公示，方便市民妥善地处理废旧电池。"

案例二十五　南京沿河社区圆桌对话案例

（一）第一次对话会议基本情况

会议时间：2007 年 9 月 5 日

会议地点：南京沿河社区广场

会议主题：南京沿河社区南湖南河河水黑臭与沿河路环境卫生长效管理问题

会议组织单位：南京市南湖街道沿河社区居委会

主持人：沿河社区居委会主任

利益相关方：社区居民代表

责任相关方：建邺区环保局、建邺区市容局、南湖街道办事处、建邺区河道管理所

新闻媒体：南京电视台、江苏教育台记者

列席人员：原国家环境保护总局宣传教育中心、部分地区环保宣教中心、江苏省环保宣教中心、南京市环保局及环保志愿者及社区居民代表

到会人数：40 余人

（二）第二次对话会议基本情况

会议时间：2007 年 12 月 12 日

会议地点：南京沿河社区会议室

会议主题：南京沿河社区南湖南河河水黑臭与沿河路环境卫生长效管理问题

会议组织单位：沿河社区居委会

主持人：沿河社区居委会主任

利益相关方：社区居民代表

责任相关方：建邺区环保局、建邺区市容局、南湖街道办事处、建邺区河

道管理所

  新闻媒体：南京电视台、江苏教育台记者

  列席人员：江苏省环保宣教中心、南京市环保局及环保志愿者及社区居民代表

  到会人数：30 余人

（三）社区基本情况及实施背景

  沿河社区隶属于南京市建邺区南湖街道办事处，占地总面积近 9 万平方米，共有居民 2000 余户，人口 7000 余人，是 20 世纪 80 年代末南京市政府为解决返城人员居住问题而建成的大型住宅区。由于当时市政配套不完善，南湖南河作为沿河社区居民生活污水排放河道，其产生的黑臭给沿岸居民的身心健康带来了较大影响。2005 年，沿河社区在改造的同时也将南湖南河改建成为景观河道，沿河路改造为景观路。但改善河水黑臭、保持河道和沿河路清洁、长效管理等问题却一直没有得到很好的落实，造成南湖南河和沿河路管理上的漏洞，并产生诸多环境问题，如河水黑臭、河面有漂浮物、河岸上有乱扔乱倒垃圾现象以及如何对沿河路无证摊贩进行管理，河道甚至被有些人当成厕所。为此，作为区人大代表的社区居民丁老师曾于 2006 年向区人大提出了"整治南湖水系水质，改善南湖人居环境"的建议，引起了区政府相关部门和街道办事处的重视。2006 年和 2007 年，建邺区建设局对南湖南河开展了清淤和截污等工作，但水质黑臭问题并没有从根本上得到解决。沿河社区居民希望有关部门尽快对南湖南河水质黑臭问题进行治理，加大对南湖南河水质管理费用的投入，加强对沿河路乱扔乱倒和无证摊贩的取缔力度。社区居委会决定以对话方式谈论解决上述环境问题。

（四）会议实施情况和结果

  经过两次对话和交流，责任方和利益方达成如下共识：

  1. 建邺区环境保护局通过对南湖南河实施环境工程和生态工程消除水体黑臭，实现南湖南河水质阶段性改善的目的；

2. 建邺区市容管理局通过强化管理和增加沿河路的保洁频次，保持沿河路的清洁、美观；

3. 建邺区南湖街道办事处加强对沿河路流动摊贩的取缔力度，维护社区居民生活环境；

4. 建邺区河道管理所强化对河岸垃圾的清理力度，确保河岸无乱扔垃圾，增加对水面漂浮物的打捞频次，确保水面无漂浮物，加强对环境治理工程和生态工程设施、设备的保护；

5. 沿河社区居委会强化对社区居民的教育，严禁居民向河道和沿河路倾倒垃圾，及时阻止流动人员污染环境的行为；

6. 建邺区环保局在河道中种植水芹（以漂浮泡沫塑料板的形式），开展植物净化水质实验，以减轻南湖南河水受污染的程度。

主持人介绍会议议程

利益方质询南河水污染问题及沿途垃圾、流动摊贩等问题

责任方环保局介绍南河水质现状

责任方河道管理所代表介绍现阶段南河水质管养情况

责任方街道代表介绍现阶段沿河路摊贩管理情况

圆桌对话会议后进行室内座谈会，分析此次会议成功之处及不足之处

建邺区环境圆桌对话第二次圆桌对话会议现场

案例二十六　南京典雅居社区圆桌对话案例

（一）会议基本情况

会议时间： 2010 年 10 月 21 日

会议地点： 典雅居社区会议室

会议主题： 典雅居社区油烟、噪声污染

会议组织方、主持人： 环保局宣教负责人

利益相关方： 居民

责任相关方： 餐馆企业、物业公司、环保部门

到会人数： 40 多人

（二）社区基本情况及实施背景

即使是盛夏酷暑天，也要把窗户封得严严实实，你家有过这种经历吗？对生活在南京典雅居小区 2 号楼的居民而言，他们不仅有这种经历，而且这种情形已经延续了七八年时间。

因为一楼餐饮经营者油烟扰民问题迟迟得不到解决，居民和餐饮经营者矛盾越积越深。

典雅居小区北门两侧为两幢 11 层住宅，一层沿街有六七家餐馆一字排开，二楼窗户玻璃上沾满油渍，墙面被熏得漆黑发亮。居民投诉最集中的是典雅阁江鲜馆、鼎旺烧鸡公和何记小菜三家餐饮企业。"天天闻腥味、油烟味，听着鼓风机的噪声！"小区业主杨匹抱怨道，鼎旺烧鸡公和何记小菜的排风扇正对小区，他家在 2 楼，饭店排风扇一开，家里就弥漫着呛人的油烟味，饭店调料时，海椒、花椒、牛油的味道就算关起门窗也闻得到。

"除了油烟，还有恶臭！"居民邹女士说。典雅阁江鲜馆的污油沉淀池也设在小区内，由于清理不及时，经常满溢，苍蝇满天飞，还滋生蟑螂、老鼠等。加上流往下水道的油污经常堵塞管道，难闻的气味常常通过下水道扩散到居民家中。

据了解，住户除了向环保部门投诉外，有的还与楼下餐饮经营户发生争执，

有的拒交物业费以表"抗议"。环保部门接到市民投诉后过来查了多次，要求餐馆进行整改并给予罚款，但罚款不能解决根本问题，反而加重了住户、餐馆和物业之间的对立情绪。油烟引发的矛盾成为典雅居小区最大的问题。

（三）会议实施情况和结果

典雅居社区不大的会议室里，挤进了40多个人。除了20多位业主代表外，三家餐馆经营户、小区物业管理公司工作人员、南京建邺区环保局相关负责人一起开了圆桌会议，把油烟污染引起的矛盾摊开来说。业主要求餐饮企业关闭对着小区的排风口，将设在小区内污油沉淀池搬走，同时希望物业公司能对餐饮企业进行监督。餐饮企业也发表了自己的意见，表示愿意进行排风除油系统的改造，不过污油沉淀池不可能搬到马路上，他们也希望能解决油污问题，和业主搞好关系。

通过对话，最终餐饮企业、业主代表、物业公司达成了共识，典雅阁江鲜馆改造排风油烟系统，加装消音器，改造排风方向，使其达到国家规定的居民区排放标准；典雅阁污油沉淀池，指定有资质的收油公司收集废油，每次收油时由物业公司负责监督；鼎旺烧鸡公和何记小菜清除油烟器，确保作业时油烟净化装置开启，由物业公司负责监督；由兴隆街道组织一次餐饮和居民的共同行动，进行灭鼠、灭蟑螂。

案例二十七　秦皇岛实施社区圆桌对话案例

（一）会议基本情况

会议时间：2006 年 7 月 31 日

会议地点：秦皇岛市海港区东环路街道热电里社区幼儿园会议室

会议主题：关于热电里社区创建绿色社区的若干问题

会议组织方、主持人：秦皇岛市东环路街道办事处及办事处主任

利益相关方：热电里社区居委会及居民代表

责任相关方：秦皇岛市"五绿"（绿色学校、绿色社区、绿色机关、绿色

医院、绿色饭店）创建指导委员会、市环境稽查大队、海港区环保局、热电厂代表

新闻媒体：《秦皇岛日报》、《秦皇岛晚报》、《秦皇岛电视台》等五家新闻媒体

其他到会人员：世界银行、国家环保总局宣教中心及河北省环保部门代表

到会人数：共 30 余人

（二）会议实施情况和结果

秦皇岛的首次对话会议在该市热电里社区开展，该社区是秦皇岛发电有限责任公司于 1990 年年底投资兴建的职工生活社区，位于秦皇岛市海港区城乡接合部，占地面积 12.8 万平方米，绿化面积 6.4 万平方米，现有居民 1470 户，共 4078 人。

2006 年 7 月 31 日，对话会围绕"如何开展绿色社区创建"举行，会议由东环路街道办事处组织并主持，邀请了以社区居委会与居民为代表的利益相关方，和以市、区环保局为代表的责任相关方共 30 余人参会。会上，首先由利益相关方代表就如何创建绿色社区等相关问题向环保部门代表进行询问，秦皇岛市环保部门代表就上述问题进行了解答，并对本市绿色社区创建活动的背景、特点、存在的问题等向居民与会代表进行了说明。针对热电里社区的实际情况，环保部门同社区居民进行了交流，并从宣传教育、改善社区景观环境等方面提出了指导意见。通过该会议，社区居委会及居民代表详细了解了开展绿色社区的条件和具体操作方法，同时将绿色社区创建活动列为社区的重点工作。秦皇岛市环保局通过媒体表示要将这一活动持续开展下去，使之成为解决环境问题、提高环保公众参与程度的有力平台。

秦皇岛市热电里社区环境圆桌对话会议现场（1）

秦皇岛市热电里社区环境圆桌对话会议现场（2）

案例二十八　秦皇岛红旗里社区圆桌对话案例

（一）会议基本情况

会议时间：2008 年 5 月 26 日（第一次对话会议）

2008 年 9 月 8 日（第二次对话会议）

会议地点：红旗里社区会议室

会议主题：红旗里社区甲巳酒店餐饮油烟及垃圾扰民问题

会议组织单位：红旗里社区居委会

主持人：红旗里社区居委会代表

利益相关方：红旗里社区居民代表

责任相关方：甲巳酒店、文化路街道办事处、海港区环境保护局

新闻媒体：秦皇岛市电视台

列席人员：环境保护部宣传教育中心、河北省环境保护宣传教育中心、秦皇岛市环境保护局代表

到会人数：共 20 余人

（二）社区基本情况及实施背景

海港区文化路街道红旗里社区是秦皇岛市绿色社区，该社区占地面积 37 万平方米，辖区内有 256 家商业网点。现有居民住宅楼 65 栋，居民 3000 余户，10000 余人，楼栋长 65 人，环保志愿者 328 人。

社区委员会在开展圆桌对话会议之前开展了广泛调研，向社区居民发放环境调查问卷 200 份，其中回收有效问卷 198 份。据统计，有 86% 的居民把"甲巳酒店排烟及餐饮垃圾污染环境"等作为当前社区管理最迫切需要解决的问题。居委会也对此情况进行了反复调查核实，甲巳酒店距居民楼较近，并且多年未进行油烟净化系统的整修，油烟排放装置老化，其产生的噪声、烟尘干扰了附近居民的正常生活。饭店后厨经常将厨余垃圾随意堆弃在饭店墙后的空地或角落里，未经任何覆盖和处理，导致产生酸腐气味和滋生蚊蝇，影响了居民的健康，受到了居民的广泛关注。最后经过公示，将"甲巳酒店排烟及垃圾、

噪声污染环境"问题定为红旗里社区环境圆桌对话会议的议题。

（三）会议实施情况和结果

2008 年 5 月 26 日，红旗里社区召开了上述问题的第一次环境圆桌对话会议，利益方代表认为：甲巳酒店的餐饮垃圾及经营所产生的气味干扰了居民的正常生活。红旗里社区居民王大爷在发言中拿出饭店污染环境的照片，与社区优美的环境相比照，表达自己对甲巳酒店的不满和解决环境污染问题的迫切心情。责任方代表甲巳酒店经理认为，居民提出的问题的确属实，居民、居委会、环境保护局都曾为此找过自己，但自己只是暂时承包甲巳酒店的经营者，饭店的产权单位是青龙县所属的某宾馆，目前该宾馆正面临改制，依照当初承租时所签的协议，该酒店随时都有可能被该宾馆收回，因此对酒店进行环境改造可能会造成损失，现在不能添加任何设备。责任方海港区环境保护局代表依据相关法规，对甲巳酒店提出了整改意见。最后双方达成了解决问题的协议：甲巳酒店尽快安装油烟净化器；酒店将产生的垃圾装入密闭的容器内，不再露天堆放；所有的垃圾必须于当日内清走，不得隔夜留存。该问题得到了初步缓解。

2008 年 9 月 8 日，参会各方再次召开该问题的第二次环境圆桌对话会，各方就上次会议承诺进行交流。责任方介绍了甲巳酒店的整改措施并向居民表达歉意，社区的居民代表对甲巳酒店的整改措施给予了充分肯定，双方关系得到了改善。居民代表王大爷见到困扰已久的问题得到圆满解决，由衷地高兴。他拿出整改后的甲巳酒店照片，与整改前相比照，通过两组照片的对比，客观说明整改情况。最为精彩的是，说到动情处，他还兴奋地为大家表演了自编的快板，用快板书的形式讲述社区环境圆桌对话会议前后社区环境的变化，表达对这种解决问题方式的称赞。至此，甲巳酒店餐饮油烟及垃圾问题得到彻底解决，各方对结果均能够认可，河北省和秦皇岛市电视台对两次会议都做了评论和跟踪报道。

秦皇岛海港区红旗里社区环境圆桌对话现场

秦皇岛海港区红旗里社区环境圆桌对话利益方代表

秦皇岛海港区红旗里社区环境圆桌对话环保局代表

秦皇岛海港区红旗里社区环境圆桌对话责任方代表

案例二十九　秦皇岛河涧里小区圆桌对话案例

（一）会议基本情况
会议时间：2008 年 5 月 26 日
利益相关方：当地居民代表
责任相关方：餐馆业主以及两家餐馆房屋的出租方
其他到会人员：政府代表

（二）社区基本情况及实施背景
在 2008 年之前，秦皇岛市河涧里小区的居民深受 15 号和 18 号楼两家餐馆严重污染的折磨。马先生是一位失业人员，既无技能也无资金，家庭经济窘迫。他于 2006 年年底在 15 号楼的一楼租了一间房，开始经营一家餐馆，以谋生路。2008 年年初，另一位贫困的失业人员孙先生在 18 号楼的一楼开了另一家小餐馆。两家餐馆主要烹饪当地的美味小吃，但与此同时，却造成了令人无法忍受的污染：（1）从一大早起，如凌晨 4 时，炉灶鼓风机便开始嗡嗡作响，而此时楼上的大多数居民还在睡梦之中；（2）烟雾；（3）粪便（附近没有公共厕所）。对于两家餐馆的经营，楼上居民不断提出投诉，甚至采取了暴力手段。

（三）会议实施情况和结果
2008 年 5 月初，社区工作者对社区居民关心的最为重大的问题开展调查，结果发现，两家餐馆所造成的污染是居民最为关心的问题。2008 年 5 月 26 日，社区工作者组织了一次利益相关者圆桌对话会议，其中，政府代表、当地居民代表、餐馆业主以及两家餐馆房屋的出租方坐在一起，就相关问题进行讨论，并寻求改进的途径。经过激烈的争论和艰难的磋商之后，各方最终达成了如下协议：（1）两家餐馆应关闭或移往他处；（2）出租方将押金返还餐馆业主。在 5 月 26 日举行圆桌会议之后，社区工作者和社区的一些居民开始千方百计地帮助这两个家庭。在社区工作者的帮助下，马先生开了一家温泉浴场，由其儿子经营，而孙先生开办了一家五金店，这两个家庭的收入足以维持生计。

2008 年 6 月 24 日，社区工作者组织了第二次对话会议，会议解决了一些遗留的小问题。

案例三十 秦皇岛红旗西里小区圆桌对话案例

（一）会议基本情况

会议时间：2008 年 8 月

利益相关方：社区居民

责任相关方：安厦物业公司、市政府供热办

其他到会人员：社区环保志愿者代表、区信访办、文化路街道的领导

（二）社区基本情况及实施背景

2008 年 8 月初红旗西里安厦物业管理公司，因其管理的小区暖气管道陈旧，需要进行改造整修，由于工作方法欠妥，造成大部分业主坚决反对其进行暖气改造。业主们担心改造后的暖气是否能热、价位是否提高等，形成物业公司与业主之间的矛盾对立，居民代表要求如果不给解决就到上级部门去上访。红旗里社区党支部了解这一情况后，先后 4 次召开小型会议做双方的工作，与此同时，分别配合有关部门做好双方的调解工作。为了使双方能够在暖气改造工程中达成共识，经过社区两个多月耐心的工作和与各有关单位协调，决定召开红旗里社区第三次圆桌对话会，妥善解决红旗西里居民暖气改造工程问题。

（三）会议实施情况和结果

由安厦物业公司继续为该小区供暖，并向居民出具承诺书，保证取暖达标。安厦物业对红旗西里小区暖气改造工程也如期完工，双方都得到了实惠，使圆桌对话会的效果得到了很好的发挥。

案例三十一　沈阳城建东逸花园社区圆桌对话案例一

（一）会议基本情况

会议时间：2006 年 7 月 24 日

会议地点：沈阳市万泉街道城建东逸花园社区业主会所影视厅

会议主题：关于城建东逸花园社区居民要求拆除振东中学锅炉房及烟囱的提议

会议组织方、主持人：城建东逸花园社区居委会、城建东逸花园社区居委会主任

利益相关方：万泉街道办事处、社区物业管理处、社区居民代表

责任相关方：沈阳大东区环保局、大东区教委、供暖公司、街道办事处

环保志愿者：城建东逸花园社区志愿者服务队代表

新闻媒体：辽宁电视台、沈阳电视台、沈阳广播电台、《沈阳日报》等九家媒体代表

其他到会人员：世界银行、国家环保总局宣教中心及沈阳市环保部门代表

到会人数：共 30 余人

（二）社区基本情况及实施背景

城建东逸花园社区位于沈阳市大东区，占地面积 21 万平方米，建筑面积 51 万平方米，绿地面积占社区总面积的 44%。社区内有 34 栋住宅楼，居民 3000 余户，人口近万人。在开展对话会议之前，社区在各主要通道张贴了《致社区居民的一封信》，征集居民反映最强烈的环境问题作为对话会议议题。根据征集结果，从中选择"拆除振东中学锅炉房及烟囱的提议"作为对话会议主题。地处社区东侧的振东中学锅炉房和烟囱建成时间较早，且工艺落后，其产生的噪声、烟尘干扰了居民的正常生活，也影响了振东中学学生的学习。

根据会议主题确定利益相关方和责任相关方的原则，结合社区实际问题，确定利益相关方代表为社区居民及物业公司代表，责任相关方代表为区教委、区环保局、供暖公司及街道办事处代表。通过居民推举、社区审定的方法，选

择了四位具有较高文化素质和威望的社区居民为利益相关方代表，并邀请物业公司、区教委、区环保局、供暖公司、街道办事处主要领导作为责任相关方代表出席会议。

（三）会议实施情况和结果

按会议议程，主持人首先宣读了对话会议议程、背景、要求及参会人员，并对社区及振东中学锅炉房现况做了短暂介绍后，会议各方代表开始发言。

1. 利益相关方陈述了拆除振东中学锅炉房及烟囱的理由：该锅炉房在供暖期内产生黑烟、粉尘，大量露天裸露堆放的采暖用煤及炉渣，严重污染周边环境；锅炉房烟囱已有三十多年的历史，年久失修，青苔斑斑，顶端龟裂，影响社区环境景观，造成安全隐患；锅炉房目前供暖面积小，完全可并入社区的供暖网络，实现统一供暖；该锅炉房属小型燃煤锅炉，应属改造之列。

2. 责任相关方阐述了振东中学锅炉房及烟囱存在的理由：区教委经费紧张，无法独立完成锅炉的拆除并解决学校及宿舍楼的供暖问题；区教委现已将该锅炉房的管理转交给市供暖公司负责；根据规定，环保局只负责市区企业单位的烟囱拆除工作，此锅炉房不属于该范畴，应由产权单位房产局拆除。

3. 会议结果：

（1）区环保局将加强对该锅炉房的检查管理，以杜绝供暖期内产生黑烟、粉尘，采暖用煤及炉渣大量露天裸露堆放等问题，力争将对社区环境的污染降到最低。

（2）街道办事处将协调开发公司，争取将振东中学及旁边一幢教师宿舍楼的供暖并于社区供暖网络。

（3）街道办事处将努力寻求其他方法解决问题。

利益相关方了解了该锅炉房的实际情况及事态进程，在恳谈中消除了怨气。虽然没能达到在此次会议通过拆除锅炉房意见的初衷，但在明确了锅炉房的归属情况和现行法规政策后，社区居民代表均乐观地表示相信接下来的会议一定能取得实质性进展。责任相关方代表也对此次对话会消除矛盾、明确责任、解决问题的工作方式给予了认可和高度评价。

案例三十二　沈阳城建东逸花园社区圆桌对话案例二

（一）会议基本情况

会议时间：2006 年 11 月 19 日

会议地点：沈阳市万泉街道城建东逸花园社区业主会所多功能活动厅

会议主题：关于城建东逸花园社区居民要求拆除振东中学锅炉房及烟囱的提议

会议组织方、主持人：城建东逸花园社区居委会、沈阳大东区环保局局长助理

利益相关方：城建东逸花园社区居委会、万泉街道办事处、社区物业管理处、社区居民代表

责任相关方：沈阳大东区环保局、大东区房产局、大东区供暖公司

环保志愿者：城建东逸花园社区志愿者服务队代表

新闻媒体：《华商晨报》、《沈阳今报》

其他到会人员：国家环保总局宣教中心及沈阳市环保部门代表

到会人数：共 30 余人

（二）社区基本情况及实施背景

城建东逸花园社区围绕拆除振东中学锅炉房和烟囱的问题，曾于 2006 年 7 月召开了一次社区环境对话会议，经参会各方的交流沟通，虽未取得实质性进展，但初步缓解了社区环境问题引发的矛盾，初步达成了解决意向。在第一次会议结束后，社区展开了进一步调查协商，为第二次社区环境对话会的召开做了如下筹备工作：

东逸花园社区于会前在居民中发放了 100 份《社区环境对话调查问卷》，加深了居民对环保维权活动的参与意识，为对话会的召开奠定了群众基础。作为第一次对话会议的延续，仍以"关于拆除振东中学锅炉房及烟囱的提议"为此次对话会的主题。

根据会议主题确定利益相关方和责任相关方的原则，结合"振东中学锅炉房和烟囱"的实际问题，确定利益相关方代表为社区居民代表，责任相关方代表为

区环保局代表、区房产局供暖办代表、供暖公司代表及街道办事处代表，会议组织者分别邀请他们派代表出席对话会议。作为第二次对话会，社区确定了这是一次小规模的，旨在了解情况、达成谅解的会议。会议地点定在业主会所二楼的多功能活动厅。为充分发挥对话会的沟通作用，最大限度地发挥对话会的"平等、诚意、理性、谅解"宗旨，此次会议的主持人由大东区环保局局长助理担任。

（三）会议实施情况和结果

会议于 2006 年 11 月 19 日上午准时召开，按会议议程，在主持人简单地介绍了会议情况后，与会代表按照会议程序及发言顺序发言，首先利益相关方代表向责任相关方就第一次对话会议后问题的解决情况及进展提出质询。随后，责任相关方代表分别通报了事态最新进展，提出了锅炉房存在的理由、整改面临的困难及拟定的整改方案。

责任相关方阐述振东中学锅炉房及烟囱存在的理由如下：社区目前的供暖系统还无法为学校及宿舍楼提供热源；北方供暖期现已来临，在供暖期结束以前无法整改；供暖公司在接收该锅炉房的管理权时一次性投入大量资金进行改造，现未收回改造成本；街道办事处正在商讨其他解决方法。

会议结果：

1. 大东区环保局将在供暖期加强对该锅炉房的检查管理，以杜绝供暖期内产生黑烟、粉尘，采暖用煤及炉渣露天裸露堆放等问题，降低社区环境污染；

2. 供暖公司同意在一定的货币补偿后放弃该锅炉房的经营权；

3. 街道办事处将继续寻求其他方法解决问题；

4. 大东区房产局供暖办将制订工作计划，将振东中学及旁边一幢教师宿舍楼的供暖并于其他热源供暖网络。

虽然此次会议没能实现居民代表要求拆除锅炉房的愿望，但相较于第一次对话会，产生了更为具体的解决方案。通过两次对话会议的比较，进一步增强了参会各方之间的沟通和了解，为社区在今后的环境管理和公众参与工作方面提供了参考。

案例三十三 石家庄市石门小区圆桌对话案例

（一）会议基本情况

会议时间：2006 年 8 月 3 日

会议地点：石家庄市裕华区石门小区物业会议室

会议主题：关于石家庄市石门小区环境综合整治问题

会议组织方：石家庄市石门小区居委会

主持人：石家庄市石门小区党支部书记、石门小区居委会主任

利益相关方：石家庄市石门小区居委会及居民代表

责任相关方：石家庄市环保局、裕华区环保局、裕华区城管局、槐底街道办事处、石门小区物业公司代表

新闻媒体：石家庄电视台等新闻媒体

环保志愿者：社区"绿色和谐使者组织"的代表

其他到会人员：世界银行、国家环保总局宣教中心及河北省环保部门代表

到会人数：共 40 余人

（二）会议实施情况和结果

2006 年 8 月 3 日，石家庄首次社区环境对话会议在该市石门社区召开，石门社区地处裕华区，属于新建商品住宅楼，现有住户 1500 户。

会议由石家庄市石门小区居委会组织，邀请了市环保局、裕华区环保局、区城管、槐底街道办事处、环保志愿者、新闻媒体、社区居民、社区居委会的代表参加，就"社区树木名称、标识"、"社区内饭馆烧烤、油烟、噪声扰民"、"汽车占道、碾轧草坪"、"规范居民宠物管理"四方面议题进行了充分交流、讨论。责任相关方与利益相关方分别就存在的问题及解决方法阐述了观点并表态。

会后，社区居委会根据各方意见，汇总了四个问题的解决方案，宣布将适时召开第二次社区环境对话会议，向居民代表公布问题的解决进展情况。同时，居民代表表示将在社区内广泛宣传本次对话会议情况，倡议居民加强自律，积极支持配合政府部门及社区的管理工作，共同维护社区环境。

石家庄市石门小区环境圆桌对话会议现场

石家庄市石门小区环境圆桌对话会议相关部门代表

石家庄市石门小区环境圆桌对话会议社区居民代表

案例三十四　天津和平区崇仁里社区圆桌对话案例

（一）会议基本情况

会议时间：2007 年 10 月—11 月

会议地点：天津市和平区崇仁里社区

会议主题：小商贩扰民，乱扔乱倒垃圾和占道经营现象也影响了社区的环境

利益相关方：小区居民

责任相关方：环保部门、城管、物业、市场摊贩代表

（二）社区基本情况及实施背景

天津市和平区崇仁里社区是建于 20 世纪 70 年代的老社区，社区内有一个建于 2003 年的菜市场，在解决了社区居民买菜难问题的同时也带来了相应的环境问题——很多小商贩为了省去市场的管理费，在市场外摆摊，他们的叫卖

声不但干扰了居民的正常生活，乱扔乱倒垃圾和占道经营现象也影响了社区的环境。居民受到影响且苦于无处解决，居委会想解决又没有相应的权力。今年 2007 年 10 月—11 月，在环保部门牵头组织下，城管、物业、小区居民和市场摊贩的代表共同召开了两次环境圆桌对话会议，就这一环境问题，各方代表开展协商。

（三）会议实施情况和结果

最终，制定了《天津市崇仁里社区菜市场摊贩外卖整改协议》。各方根据协议，通过规范经营行为，改建、改善经营环境，在短短半个月的时间，使市场面貌焕然一新。

案例三十五　天津大江里社区圆桌对话案例

（一）会议基本情况

会议时间：2007 年 10 月 16 日（第一次对话会议）

2007 年 11 月 21 日（第二次对话会议）

会议地点：大江里社区居委会办公室

会议主题：大江里社区 ZH 便民店环境卫生问题

会议组织单位：天津市河北区环境保护局

主持人：大江里社区居委会主任

利益相关方：社区居民代表 3 人

责任相关方：月牙河街道经济办公室、月牙河街道城管科、社区 ZH 便民店经营者代表共 3 人

新闻媒体：《中国环境报》、天津市河北区有线电视台记者

列席人员：天津市环境保护宣传教育中心、社区居民代表

到会人数：共 20 人

（二）社区基本情况及实施背景

河北区月牙河街道大江里社区始建于 1986 年，地处城郊接合部，占地面积 10 万平方米，社区内中、低收入家庭和贫困、失业居民比例较高，受教育程度普遍偏低，私搭乱建现象比较突出，这给社区管理和环境卫生造成一定的压力。结合社区实际情况及在居民中的问卷调查结果，该社区居委会决定以 ZH 便民商店环境整治为契机带动整体环境管理工作。办社区便民商店是天津市实施商业便民服务进社区的措施之一。ZH 便民商店房产及管理权归月牙河街道办事处所有，该店承租经营者失业并离异多年，仅靠低保金和经营商店度日，生活困难。为了招揽客源，店主在商店门前私自搭建了网棚，吸引了社区闲散人员聚集、玩牌，造成环境脏乱和噪声扰民问题。围绕上述问题，社区环境圆桌对话会议邀请了街道办、城管科、便民店经营者、居民代表开展对话协商，居民对便民店经营者的生活情况表示同情，同时也表达了对环境问题的意见和建议。

（三）会议实施情况和结果

第一次会议双方达成了如下协议：便民店经营者在会后一个月内拆除私自搭建的网棚，门前不再摆放桌椅、杂物。街道办事处和城管科监督便民店进行整改并对商店租金给予适当优惠。倡议居民自觉维护社区环境、配合社区管理，在适当情况下多照顾便民店的生意。

2007 年 11 月 21 日，大江里社区召开了上述问题的第二次社区环境圆桌对话会议，邀请第一次对话会议的参会各方，一起探讨在第一次对话会议后，各方承诺的落实和工作进展情况。便民店产权单位——月牙河街道办事处代表在发言中表示："街道在协商拆除便民店搭建的网棚时，充分考虑了租赁人的经济利益，与其进行了充分的沟通交流，促使其配合街道做好拆除网棚工作，取得了较好的效果。"居民代表发言表示："这次圆桌对话的形式非常好，增强了居民参与环保、维护环境权益的意识。"通过这次对话，融洽了长期以来居民与便民店经营者之间的矛盾，增进了相互理解。同时，街道、社区为今后更好地开展管理、服务工作获得了实践经验和案例参考。受到此次对话的启发和触动，大江里社区和街道计划借鉴对话的模式，扩大其影响范围，将其延伸到解决社区其他关系公众利益的工作中。

案例三十六　郑州送变电社区圆桌对话案例

（一）会议基本情况

会议时间：2007 年 9 月 21 日

会议地点：郑州市送变电社区

会议主题：社区养狗造成的环境问题

利益相关方：社区居民代表蒋柳、张敏、刁彦海、谢炳燕等

责任相关方：中原区环保局副局长牛振军、中原区执法局政策法规科副科长付成、桐柏路街道办事处副主任赵伟、社区党支部书记冯文刚、社区物业管理公司书记张伟等

其他到会人员：社区居民

（二）社区基本情况及实施背景

"狗事"原先一直是送变电社区居民最大的心事。"我们这么好的社区，唯一让人烦的就是狗，养狗的特别多，狗随地大小便，狗叫扰民，许多人遛狗不分时间，不分地点，老人小孩见了都绕着走！"有居民投诉到物业，物业很为难："没有执法权，我们也不能没收人家的狗啊。"投诉到环保局，环保局称噪声归执法局管，执法局来了几次，但没有任何效果。

（三）会议实施情况和结果

利益方和责任方达成了第一个共识：狗患既有责任方管理不善的原因，也有利益方中养狗者不自觉、不文明的因素。于是会议的焦点开始集中到如何管理社区养狗、如何自觉自愿地文明养狗这两个问题上。

利益方代表刁彦海提出了自己的看法："我认为有关部门应该利用收取的费用建立养犬培训班，使居民了解养犬的利弊，掌握基本的养犬知识，养成文

明养犬的习惯。同时建议有关部门和社区调动居民的积极性，成立宠物协会，将高水平的养犬人纳入协会做管理者，使养犬人能够有组织地交流经验，并互相监督。此外，建议社区能组织一些养犬比赛或宠物晚会等活动，让养犬人和不养犬人之间能够有沟通和交流的平台。"

责任方对这些意见深表赞同，不过他们也有所担心："成立协会需要经过民政部门的批准，我们会咨询相关的政策和法律法规，如果可以的话，社区和物业愿意提供办公场地。培训班和养犬比赛这些想法也非常好，我们会考虑的。"

利益方继续提自己的意见。谢炳燕认为："政府收费应该增加透明度，收多少、用多少，应该通过一定的渠道，向社会公开。"蒋柳说："我在社区做过调查，愿意办理狗证、不愿意办理和持观望态度的各占三成，这次新条例颁布实施，我担心政策能否真正推行落实。"

执法局政策法规科副科长付成回应道："关于费用的问题，有关部门会接受各方面的监督，不会想咋用就咋用，这次新条例的颁布和实施，市委市政府都非常重视，下定决心要解决城市养犬带来的种种问题，市政府已经多次开协调会，督促各部门开展各自的工作，所以新条例是一定会推行下去的。"

经过两个多小时的讨论、辩论和争论，利益方和责任方达成协议：（1）社区制定出台《送变电社区文明养犬公约》，养犬人必须严格遵守；（2）社区成立宠物协会，养犬人要接受协会的监督和指导；（3）对社区内的流浪犬只，物业管理公司应及时通知执法局，执法局应该及时清理；（4）物业公司严格管理，对于社区内的合法犬只发放"送变电社区犬只登记牌"，禁止非本社区犬只进入社区；（5）对于不遵守《郑州市城市养犬管理条例》和《送变电社区文明养犬公约》的，社区、物业公司应该严格管理，执法局应该严格执法；（6）社区加强文明养犬的宣传教育，在社区内形成和谐的邻里关系。增强养犬者和不养犬者之间的沟通，达到互相理解、互相尊重、共同构建和谐社区。利益方和责任方所有参加会议的人员都在协议书上签了自己的名字。

案例三十七　重庆万盛和平村社区圆桌对话案例

（一）会议基本情况

会议时间： 2006 年 3 月 16 日

会议地点： 万盛区东林街道

会议主题： 主要处理社区未设垃圾箱导致的环境脏乱差问题

会议组织方、主持人： 万盛电视台新闻主任肖涛

利益相关方： 东林街道社区居民

责任相关方： 物业公司、区市政局、区市环保局、建委以及东林街道代表

到会人数： 40 余人

（二）社区基本情况及实施背景

东林街道的情况是，大社区无垃圾箱，垃圾转运不及时的问题十分明显。东林街道和平村社区共有 2310 户居民，人口约 8000 人。在东林中学四周和正在新建的两幢商品楼之间，层层垃圾堆放在街道死角。之前，社区处理垃圾的方式主要有三种：千余户居民每月缴纳两元钱的垃圾费，由私人来处理垃圾；另有 600 余户居民每月缴纳五元清洁费，由物业公司来处理垃圾；剩下的由居民每月缴 5 元钱，由社区负责处理。

（三）会议实施情况和结果

61 岁的万盛区东林街道和平村社区居民徐慧群和社区的另外两名代表出现在和平村社区的会议室里。徐慧群首先向万盛区市政局发问，社区苗苗托儿所旁边的垃圾站长期堆放垃圾，垃圾清运和转运拖延。

万盛区市政局市政科王涛科长回应，垃圾转运不及时问题是因为部门之间衔接不当，本周内将督促环卫所解决此问题。

设置垃圾箱的经费来源和垃圾箱设置后的管理问题成为会议的焦点。东林中学黄校长建议，在目前经费难以筹集的情况下，是否可用水泥和砖头先做 30 个简易垃圾箱。圆桌会议进入尾声时，东林街道办事处褚洪春发言，她主动接

下社区设置垃圾箱牵头单位的担子。万盛区市政局承诺解决和平村社区垃圾转运不及时问题，并协助街道和社区设置 30 个垃圾箱，区建委将对和平村社区新房屋建设的环境卫生配置情况严格检查。

通过各方代表对话协商，就问题的解决方案达成一致：（1）由街道办事处负责牵头筹资，在社区设置 30 个垃圾箱；（2）区市政局承诺在一周之内解决社区垃圾转运不及时问题，并协助街道办事处设置垃圾箱；（3）区建委承诺，对该社区新房屋建设的环境卫生配置情况进行严格检查。短短半天时间，这一困扰社区居民若干年的老大难问题得到圆满解决。

案例三十八　重庆万盛建委圆桌对话案例

（一）会议基本情况
会议时间：2008 年 7 月 2 日

会议地点：万盛区建委会议室

会议主题："万盛区如何建设绿色宜居城市"——棚户区改造、拓展旧城区、开发新城区等问题

会议组织方、主持人：万盛报副主编陈春明

利益相关方：离退休老干部、普通市民和网友

责任相关方：区政府领导、区人大、区政协、会议主题相关职能部门的主要负责人

（二）社区基本情况及实施背景
2008 年，万盛区在"解放思想、扩大开放"的大讨论中，采取多种渠道和形式，广泛征集社会各界对地区经济社会发展的意见建议。区建委、环保局、市政局等单位在大讨论中采取市民圆桌对话这一形式，对"万盛区如何建设绿色宜居城市"这一话题进行了深入讨论，取得了良好效果。

（三）会议实施情况和结果

责任方代表之一，区建委主任詹旭东首先发言："万盛区目前采取改造棚户区、拓展旧城区、开发新城区等三区并进的绿色宜居城市建设总思路。"他还介绍了区行政办公中心和副中心的概念方案。他的准备很充分，从幻灯片到设计图，再到效果片，一应俱全。责任方简单明了地阐释本部门职责及履行情况之后，便到了发问时间。老干部王茂贵问道，区内的污水处理似乎总是不达标，什么时候能够解决？"第二污水处理厂的资金已经落实，正在前期设计。"在座的政府官员立即答复。网友"布谷声声"要求官方拿出孝子河治理、过境大道修建等工程的详细时间表。另一位网友"毛毛大雨"一连提出 12 个问题，涉及车库、商业用地、屋顶花园、节能设施、光污染等多项内容，这让来自责任方的詹旭东以及区市政局局长王建军、区规划局总规划师张铮忙活了好一阵，才将问题全部答完。

通过对话，市民得到了答案，官方公开了信息，各方对此次会议十分满意。会后，万盛电视台对会议全程实况进行了连续一个月的播放，在群众中引起好评。

案例三十九　重庆绿洲小区圆桌对话案例

（一）会议基本情况

会议时间：2007 年 7 月 20 日

会议地点：重庆市绿洲小区物业管理会议室

会议主题：绿洲小区餐饮油烟扰民问题

会议组织单位：重庆市环境保护局经开分局

主持人：重庆市环境保护经开分局代表

利益相关方：社区居民代表共 11 人

责任相关方：社区参观业主代表 16 人、物业公司代表 2 人

新闻媒体：《中国环境报》重庆记者站记者

列席人员：社区居民代表、小区所在派出所代表

到会人数：共 30 余人

（二）社区基本情况及实施背景

受地域和环境因素影响，重庆人饮食习惯以辛辣为主，烹制中以煎炸炒居多，有关餐饮油烟的投诉也是当地比较突出的环境问题。根据历年的统计数据，经开区每年约有 70% 的环境投诉是由餐饮油烟引起的。由于餐饮行业大多是小本经营，资金投入相对较少，人员素质较低，法律观念、环境意识淡薄。过去在处理类似的投诉中，如果通过调解的方式进行处理，就要耗费环保部门和社区大量的人力和时间，具有一定难度。通过法律程序实施处罚和整改，又不能起到广泛的宣传教育、化解矛盾、融洽业主与商户关系的目的。所以该问题一直困扰着相关部门。

位于经开区的绿洲社区是重庆市一个旧城改造后的新社区，它建成于 2005年 12 月，占地面积 10 万平方米，住户 900 余户。2006 年业主入住后，居民楼下的临街门面陆续办起了餐饮店。由于餐饮店的经营者未采取有效措施控制油烟污染，居民对环境问题的投诉逐渐增多。在重庆市环保局经开分局的监管和督促下，2006 年 12 月，社区物业投资新建了公共排烟道，使问题一度得到缓解。2007 年 5 月以来，在居民楼下经营的餐饮店由 5 家增至 13 家，加之部分经营者未能自觉地将油烟抽入烟道进行高空排放，致使油烟、热气直接进入小区，影响了居民的生活和健康，居民投诉又频繁起来，餐饮店与居民矛盾尖锐。

（三）会议实施情况和结果

面对餐饮油烟污染带来的问题，2007 年 7 月，重庆市环境保护局经开分局组织了 23 位小区业主代表、13 家餐馆负责人、小区物管公司负责人以及市环境监察总队和经开区规划、建设、工商、公安等部门的相关人员，共同探讨解决问题的办法。会上，各方代表分别提出了建议和意见，通过协会达成了共识：经营者在一个月之内将通往小区的厨房窗户封闭，业主对餐馆在环境改造过程中可能出现的问题予以理解，物管公司做好对餐馆整改和业主诉求的督促和服务工作。一个月后，重庆市环境保护局经开分局分别走访了经营户和社区业主代表，督促各经营户在协定的时间内落实承诺，了解居民对会议的满意度。绿洲社区餐饮油烟投诉问题得到顺利解决。

案例四十　重庆观井湾社区圆桌对话案例

（一）会议基本情况

会议时间： 2010 年 1 月 14 日

会议地点： 东林街道观井湾社区会议室

会议主题： 盛景天下小区正门疏堵

会议主持人： 国土局蓝小涛

参会人员： 盛景天下 A、B 区居民代表，开发商，盛美物业，观井湾社区，东林街道，国土局，房管局，区信访办

（二）社区基本情况及实施背景

盛景天下小区位于东林街道观井湾社区两河口 61—70 号，分别为 A、B、C 三个区域。A 是商品房电梯楼小区，B、C 区为安置房小区，小区交付使用后，万盛区永耀房地产开发公司未兑现修建 A 区与 B、C 区隔离墙的承诺，导致 A、B、C 三个小区的居民入住后，一直公用临街的 A 区正门出入（小区共有 3 个出口）。由于小区人员结构复杂，发生健身器械配件时常被盗窃的事件，小区居民感到安全没有保障，加之大型车辆和摩托车的出入也给小区居民埋下安全隐患，因此 A 区居民强烈要求开发商兑现承诺，立即修建 A 区与 B、C 区之间的隔离墙，使 A 区成为独立的小区。B、C 区安置房居民则认为区政府将他们安置在盛景天下小区，他们有权使用 A 区的正门，因此坚决不同意修建隔离墙，为此，多次发生居民争吵对骂，2010 年 1 月 8 日晚 10 点 30 分，盛景天下小区 A 区 248 户居民联合开发商重庆永耀房地产公司，用大车运来约 30 吨黄泥将 A 区正门入口堵断，导致盛景天下小区 1011 户居民出入受到严重影响，打乱了居民的正常生活秩序。

（三）会议实施情况和结果

在理性、平等和公正的基础上，A、B、C 小区居民的诉求得到充分表达。通过居民代表与智能部门的沟通协商，达成解决协议：一是使用绿化带隔离 A 区与 B、C 区。二是采取人车分流，行人由 A 区 1 号正门出入，车辆由 3 号门出入。三是在 B、C 区安置房小区完善健身设施。四是在 A 区商品房小区安装声控电子门。

案例四十一　重庆铁路村社区圆桌对话案例

（一）会议基本情况

会议时间： 2012 年 8 月 3 日

会议地点： 东林街道铁路村社区居委会会议室

会议主题： 解决供应处河边居民小区排污管网改造问题

会议主持人： 铁路村社区书记韩晓玲

参会人员： 东林街道代表、社区居民代表、供应分公司代表、运销分公司代表、矿务局后勤部代表等 32 人

（二）社区基本情况及实施背景

铁路一村 138—211 供应处河边小区是供应处家属楼，紧邻清溪河，由于排污管道设计内外高低不合理，造成污染淤泥堵塞，特别是汛期涨水河沙倒灌引起化粪池主管道堵塞，导致粪便溢出，污染环境，严重影响居民正常生活。

（三）会议实施情况和结果

通过圆桌对话居民的诉求得到充分表达，面对的困难得到各单位的理解支持。最后达成协议，由居民和涉及的单位共同出资，每户居民出资 30 元，剩余部分由矿业公司供应分公司、运销分公司、矿业公司后勤部共同分摊，再由社区请专业人士对排污管道进行改造、清掏处理。

案例四十二　重庆腰子口社区圆桌对话案例

（一）会议基本情况

会议时间：2013 年 2 月 26 日

会议地点：东林街道腰子口社区居委会会议室

会议主题：乐业家园路灯问题

会议主持人：腰子口社区书记何兵

参会人员：矿业公司生活服务公司鱼东经营部、腰子口社区居委会成员、腰子口社区居民等 40 余人。

（二）社区基本情况及实施背景

乐业家园小区有 173 户，小区居民组长邱正兵反映："乐业家园未安装路灯，影响居民晚上出行，老年人很容易摔倒，我们都盼望着能早日为小区安上路灯，消除我们的担忧。"

（三）会议实施情况和结果

居民组长邱正兵反映的问题引起社区的高度重视，社区立即到实地查看，了解情况，得知该小区居住的大部分都是老年人，没有路灯极不方便，社区及时将情况反映到街道及矿业公司生活服务公司鱼东经营部。通过街道、社区领导干部的奔走呼吁，矿业公司生活服务分公司同意让社区免费搭电，并免费安装，历时半个多月施工建设后，乐业家园已全部安装上路灯，居民十分满意。

案例四十三　重庆道清溪桥社区圆桌对话案例

（一）会议基本情况

会议时间：2013 年 5 月 22 日

会议地点：东林街道清溪桥社区居委会会议室

会议主题：五星村红房子屋顶漏水及下水管、墙体砖脱落问题处理

会议主持人：东林街道统战员罗阳

参会人员：五星村小区红房子居民代表、业主单位国土局代表、桂花小区施工方代表和街道综治办、街道安监办、社区工作人员等 30 余人

（二）社区基本情况及实施背景

五星村小区红房子二栋楼房，有住户 112 户，由于国土局在建设桂花小区时造成强烈的振动，导致相邻的五星村红房子二栋楼屋顶裂缝漏水，墙体砖脱落，给该楼栋居民生活造成严重影响，不能正常生活，群众情绪非常激愤。

（三）会议实施情况和结果

在理性、平等和公正的基础上，社区居民充分反映了存在的问题和隐患。通过居民与职能部门面对面的沟通协商，找到了问题的症结，各方齐心协力，达成解决协议：业主单位区国土房管局及承建单位承诺，居民反映的问题，已经相关的部门现场查看，屋顶的漏水和下水管道脱落确实与建设桂花小区有关，在一个月之内由国土房管局牵头，组织房屋维修施工队对该楼栋屋顶进行补漏防水处理，更换下水管道，修复墙体。通过一个月的施工，最终居民反映的问题得到圆满解决。

案例四十四　重庆鱼田堡社区圆桌对话案例

（一）会议基本情况

会议时间：2013 年 7 月 3 日

会议地点：东林街道鱼田堡社区会议室

会议主题：居民楼院坝施工整治费用

会议主持人：鱼田堡社区书记彭玲

参会人员：社区工作人员、社区积极分子、居民代表，共计 26 人

（二）社区基本情况及实施背景

鱼田堡工人村 40、64、133 号楼共有 120 户，居民 540 人，由于这三栋楼属于老旧楼房，院坝破损不堪，环境卫生差，居民出行不便，意见很大。

（三）会议实施情况和结果

1. 社区负责协调相关部门解决整治院坝所需材料和部分人工费。

2. 由 3 栋楼居民共同出资 6 千元。通过历时一个半月的施工整治，彻底改变了楼栋院坝破烂不平的问题，居民十分满意。

案例四十五　　重庆和平村社区圆桌对话案例

（一）会议基本情况

会议时间： 2013 年 10 月 24 日

会议地点： 东林街道和平村社区五楼会议室

会议主题： "危旧房群体"市民圆桌对话会

会议主持人： 和平村社区党委书记郑昕

参会人员： 社区危旧房居民代表、东林街道、社区代表等 40 余人

（二）社区基本情况及实施背景

社区危旧房居民代表反映，目前危旧房存在安全隐患、基础设施欠缺等问题。据统计，目前东林街道和平村社区共有危旧房居民群体 397 户，1275 人，危旧房面积达 22890 余平方米。大多数危旧房的特征为：房屋结构特殊，功能不全；年代久远、多年失修，尤其在夏冬两季，房屋极易垮塌和发生火灾。

街道、社区为了尽快推动危旧房改造工作，前期已经做了大量的摸底工作，并建立和完善了危旧房基础信息台账。但由于政策、市场、思想基础等多方面原因，危旧房改造工作一直未得到落实，居民群众盼改造、思改造的情绪异常高涨，多次到区上访未果。和平村社区通过多次院坝会与居民交流，决定召开危旧房群体圆桌对话会，希望通过圆桌对话形式，达到相互交流、相互沟

通、相互理解的目的，从而为实施危旧房改造营造良好的群众基础做准备。

（三）会议实施情况和结果

小小圆桌作用大，化解疏通样样行。通过圆桌对话会，摸清了棚改居民盼望改造的思想，了解了棚改居民的生活现状，解决了个别棚改居民生活中的困难。

案例四十六　重庆四湾社区圆桌对话案例

（一）会议基本情况

会议时间： 2006 年 1 月 24 日

会议地点： 南桐煤矿三楼会议室

会议主题： 整治煤矸石山安全隐患

会议主持人： 四湾社区居委会主任赵正江

参会人员： 南桐煤矿代表、四湾社区居民代表、南桐矿业公司代表、旁听人员（区安监局分管领导、南桐镇镇政府分管副镇长等）等 20 余人

（二）社区基本情况及实施背景

南桐煤矿隶属于国有大型煤炭企业南桐矿业公司，始建于 20 世纪 30 年代，70 多年来的煤矸石堆积如山。2004 年 6 月 5 日，同属南桐矿业公司的东林煤矿发生煤矸石山垮塌伤人事件，给家住煤矸石山附近的南桐镇四湾社区居民敲响了警钟。2005 年，该社区的居民看到煤矸石山越堆越高，离自己的房子越来越近，多次向南桐煤矿反映未果，双方矛盾逐渐升级。

（三）会议实施情况和结果

由于大家都抱着解决问题的态度，对话激烈但不极端，企业的态度由推诿回避向积极主动的方向改变，最终达成协议，责任方南桐煤矿的上级主管部门南桐矿业公司斥资千万元，实施了"南桐煤矸石山治理工程"，安全隐患得到

彻底解决。此后，该社区居民对待类似矛盾问题的态度日趋理性，地矿关系明显得到改善。

案例四十七　江苏省丹阳市开发区管委会环境圆桌对话案例

（一）会议基本情况

会议时间：2000 年 12 月 15 日下午 2:30

会议地点：江苏省丹阳市开发区管委会

会议主题：开发区污染控制与环境保护

会议组织单位：江苏省丹阳市开发区管委会

主持人：丹阳市环保局何局长

利益相关方：丹阳市开发区居民代表

责任相关方：丹阳市开发区企业代表

列席人员：世界银行、江苏省环保厅、镇江市环保局、丹阳市环保局、南京大学环境学院、开发区管理委员会、企业代表、居民代表等

（二）社区基本情况及实施背景

丹阳市开发区成立于 1992 年，规划面积 12.8 平方公里，地处长江三角洲中心地带，属上海经济区，水陆交通方便。目前，开发区有人口 4 万余人，流动人口 2 万余人，区内学校、医院、邮电、通信等相关基础设施完善。

通过七年多的开发建设，区内基础设施总投资达 7 亿元，目前进区项目430 个，投资总额 38 亿元，其中外资项目 120 多个，总投资 3.28 亿美元，协议利用外资 2.6 亿美元。开发区目前已形成机械、冶金、建材、化工、能源、食品、服务、锁业等门类产业，2000 年区域经济将实现总产出 38.5 亿元，国内生产总值 18 亿元。由于工业发展带来污染，开发区的工业企业的环保意义和战略意义都较强，但尚存在这样或那样的环境问题，本次对话就是围绕如何处理乡镇工业企业的污染问题展开的。

（三）会议实施情况和结果

主持人首先介绍了与会代表，对会议主题和背景进行了说明。随后，各参会方对上述会议主题进行充分了解，并针对当前已经完成或正在开展的开发区环境保护和污染治理工作、计划开展的工作、如何保证居民及各方利益等问题，分别发表了自己的看法和意见，进行了充分的讨论和交流。

1. 丹阳市环保局代表发言

丹阳市环保局代表首先介绍了开发区的环境质量现状，根据现有监测资料，目前开发区的大气环境 TSP 日均值为 0.119mg/m³，SO_2 日均值为 0.014mg/m³，NO_X 日均值为 0.013mg/m³，三项指标均达到了国家《环境空气质量标准》（GB 3095—96）二级标准。境内主要河流为九曲河，是丹阳市的备用饮用水源。九曲河水质基本达到《地表水环境质量标准》（GHZB 1—99）Ⅲ类水标准。全区环境噪声符合《城市区域环境噪声标准》（GB 3096—93）二级标准，达到了混合区的要求，固体废渣综合利用率达 90% 以上，基本实现了无害化、资源化。

接下来，环保局代表继续讲解采取的行动措施：与其他乡镇相比，开发区具有得天独厚的优势，经过几年的发展，形成了以轻工、化工、电力、食品等行业为主的经济体系。在经济发展的同时，开发区也十分重视环境保护工作，主要表现在以下两个方面：第一，坚持经济建设与环境保护协调发展的思想，走可持续发展之路。在招商引资的过程中，把环保作为一个先决条件衡量，从总体上把握项目的投资流向。同时在建设项目的环境管理，在抓好老污染源治理的同时，开发区还注重抓好新污染源的控制，始终实施环保第一审批权，坚持"先审批，后建设"的原则，实行建设项目环境保护预审制和环境影响评价制度，有效地控制了新污染源的产生。同时，对建设项目进行了"三同时"管理，执行率达 100%，做到多增产少增污。第二，加强工业污染点源的治理。丹阳市协联热电有限公司、丹阳市钢铁厂等十多家企业先后投资 500 多万元，建成了相应的污水处理设施，实现了达标排放。在废气治理方面，主要的大气污染源点丹阳市钢铁厂、龙源电厂等都建有相应的污染防治设施，基本都通过了达标验收。目前，供热工程已投资 2000 多万元，完成供热主管网线路达 8

公里，淘汰大小锅炉 67 台，大大削减了二氧化硫和烟尘的排放量。

最后，介绍了今后的工作打算：其一，就是如何进一步提高全民的环保意识，巩固达标成果，加强管理，使污染防治设施正常运行。其二，如何进一步扩大成果，进行环境综合整治，在开发区范围内建设烟尘控制区、清洁能源区、噪声达标区，在工业企业中开展清洁生产审计，推广清洁生产技术，减少排污，削减总量，不断改善环境质量。

2. 开发区领导代表发言

近年来，开发区采取了一系列有效的措施，进行环境保护和污染治理。一是在规划上，分设了商贸、生活、工业三大功能区划；二是在建设项目上，严格把好审批关，坚决实行环保一票否决制；三是实现区域集中供热，控制原有工业污染，达到总量控制；四是加大环保投入，投资 1.5 亿元，铺设了污水管网，新增绿化面积 40 多万平方米，污水处理厂正在建设之中；五是规划建设新世纪工业园，改变"村村点火，处处冒烟"的状况，杜绝资源浪费，实现社会资源的有效配置。面向新世纪，开发区将进一步强化环保意识，做好规划，抓好项目建设，努力实现达标排放，力争区内大部分企业做到清洁生产，力求使一部分企业达到 ISO 14000 系列标准。

3. 企业代表发言

大亚集团代表发言："大亚集团丹阳铝加工厂属冶金行业，国营单位，主要产品是厚度为 0.006—0.009mm 的双零铝箔，主要原材料是厚度为 0.3mm 的铝板。1999 年总产值为 2.76 亿元，总利税 2553 万元，固定资产 2.39 亿元，现有职工 255 人，在本地区属于经济效益较好的企业。本厂在建厂时就考虑了如何减少废物、废油气对环境的污染。工业冷却水采取循环水冷却系统，水的重复利用率达 89.9%，不产生废水。产生的废油雾经冷凝后统一处理（卖给废油厂），实际净化率达 92%。过滤用的硅藻土送到丹阳砖瓦厂统一焚烧处理。对整个生产过程中的用水、油雾、硅藻土和废料进行有效的控制和处理。环保投资 154 万元，绿化覆盖率达 35%，没有发生过重大的污染事故。对将来的污染控制计划与措施：本厂按 ISO 9000:94 版制定的质量管理体系已经运行结束，2001 年将按 ISO 9000:2000 版的要求制定新的质量管理体系，同时准备按

ISO 14000 环境管理体系标准，以满足加入 WTO 后的新形势的要求。进一步美化厂区环境，扩大绿化面积；进一步提高职工的环境保护意识；维护、保养净化设备，时刻保证净化指标在 90% 以上。"

中超化工有限公司代表发言：中超化工有限公司是 1999 年 6 月成立的中外合资企业，占地 20000 平方米，总投资 1500 万元，现有职工 120 人。公司主要产品为对-邻氯甲苯，主要原材料为液氯、甲苯。公司到现在总产值 3000 万元，利税 300 万元。由于在工艺上采用了自行开发的氯化新工艺，简化了生产工艺步骤，净化了操作环境，降低了物料损失，改善了环境，使工业废水达零排放。由于生产工艺中产生的氯化氢气体较多，公司采用了目前国内最先进的降膜吸收工艺，设备投资 150 万元，经两次反复吸收成稀酸、浓酸，吸收率高达 98.5%。同时在环境管理上实行"三一制"，即"一票否决制"，即任何人提出环境保护方面的事，都要加以解决；"一长制"，即一人负责；"一天制"，即当天的事必须当天处理。并建立了环保奖惩制度。对以后的工作，主要是职工的培训，全面提高职工的素质。并同时实行持证上岗，奖惩分明。

华昌公司代表发言：华昌公司是中外合资企业，现有职工 380 人，年总产值 1200 万元，主要以镀铜、镀锌和烧结为主，产品主要出口到欧美地区。公司目前主要采取的环境保护措施有以下几项：采用各种方式多方面节水；在丹阳市环保局的支持下，搞了一个污水处理厂，目前运行良好；2000 年 10 月，请专家搞了一个环境保护研讨班。以后环境保护工作的措施和打算：2001 年 6 月，完成 ISO 14000 论证；在搞 ISO 14000 论证的过程中，选送人员进行培训；加大处理设备的投入。

丹阳宁宏锌业化工有限公司代表发言：该公司组建于 2000 年元月，介于冶金与化工之间，主要产品是焙烧锌矿硫酸，现有职工 156 人，固定资产 3112.2 万元，其中环保投资 476 万元，2000 年 1—12 月完成总产值 7008.9 万元，总利税 607.9 万元，属中等偏上的企业。公司的主要污染物为炉器洗涤水、尾气 SO_2 及硫酸雾等。在建设过程中坚持了"三同时"，环保设施固定投资近 500 余万元，环保治理运行投资 150 万元，到目前为止，共交排污费 11 万元，基本无污染事故。三废综合利用产值 500 万元。公司准备 2001 年投资

200 余万元对制酸系统进行改造，投资 10 万元进行广场绿化，维护现有的环保设施，改善本厂的排污状况，选送 1—2 名优秀环保工作者进行深造培训，加强环境管理，并大力提高职工的环境保护意识。

龙源热电厂代表发言：我们是供电局下属的企业，效益中等。像我们这样的发电企业在环境影响方面主要是气体污染。至于水方面，我们采取了处理措施所以没有太大的影响。我厂大气的 SO_2 含量达 II 级标准，CO_2 排放量也可达标。地方政府和居民对我们厂没有异议。电厂每年上缴专门的排污费，约是 60 万元每年，包括水和大气。用于治理的费用每年也有 60 万元，今年我国对热电厂周围地区实施集中供热，所以我们花 200 多万元铺设了管道，在附近地区实现了集中供热。为配合节约能源合理利用，明年我厂要搞脱硫装置。现在每年环保部门返还的环保费不能及时到位，所以资金有困难。另外，我们正在调研垃圾发电的可能，已有初步的方案。如能得到世界银行和环保厅的支持，这个方案可以实施得更快一些。

协联热电厂代表发言：协联热电厂是 1994 年成立的中外合资企业，总投资 1.8 亿元，现有职工 267 人。1999 年总产值 5244 万元，总利税 1158 万元，上缴政府 577 万元，属中等效益的企业。由于考虑到公司对周围环境的影响，在污染控制上主要抓好了以下几项工作：一是严格执行"三同时"的要求，在设计中加大环保设施的投入，总投资 1000 万元；二是加强内部管理，严格环保考核，按时交纳排污费，1999 年交排污费 58.6 万元；三是加大技改投入，进行环境治理和三废综合利用；四是 1998 年投入 1500 万元建设了粉煤灰水泥厂，1999 年销售 1200 万元。同时对废水、固体废弃物的治理上也有小改革。目前存在的问题：运行方式对环境的影响（锅炉、机组）；设备固有要求对环境的影响。

4. 居民代表发言

居民 1（市人大代表）："1998 年的零点行动之后，政府和企业对环保日益重视。我参加了这次会议，听了各企业、环保部门的介绍与汇报，觉得非常有意义，也很及时。现在的企业不但要达标排放，还要重视生活在附近的群众的看法，以大运河两岸的饮用水为例，说明企业应该重视居民的需要。"

居民 2："此次会议表示了国家对于老百姓的身心健康相当关心，对于群众的环保意义也很重视。另外，我听了大亚集团的报告之后想说一下，这个厂排放的气体有味道，但是我们不知道究竟含有什么成分，是什么气体，对人体究竟有没有危害，建议环保部门去测一下，告诉我们答案，消除我们的疑问。"

居民 3："丹阳市开发区是丹阳经济发展的缩影，开发区发展得很快，总体环境较好，但不能够盲目乐观。我听到各企业的承诺非常高兴，希望能继续办好这样的会议。环保和经济并非相互独立，而是相互有促进作用。所以希望今后的主管单位对于环保实施得好的企业与个人实行奖励，例如获得 ISO 14000 认证的企业就可以发奖金，对于不好的情况例如出现了事故等要大力处罚或者换法人代表，奖励和惩罚的力度要加大。"

居民 4："我觉得开发区的位置非常失策，处在丹阳市的上风向。几年来城区内空气污染严重，特别是钢铁厂以及磷肥厂（注：即为宁宏集团）的气味影响很大，一入夜空气里就有很难闻的味道。另外，丹阳市里禁白令实行得不好。"

居民 5："我住在化工厂，化工厂的排放基本上达标，但希望对环境管理的工作能够到位，减少泄漏；在小区内我建议要减少焚烧树叶和枯草，每次一烧，住在高层的住户根本就不能开窗。"

居民 6："我是来自化工区的居民代表。刚才各个企业所说的现状和措施都很让人鼓舞，但是希望能说到做到。开发区的大气质量还是比较差的，这里有 90% 的企业工厂大气排放和烟尘情况都不错，但还有 10% 是不好的，存在着泄漏，例如磷肥厂。这个厂每年都有泄漏，往年都是赔偿人体健康受到的影响和其他损失，但是今年泄漏之后仅仅赔偿了人体的健康损失，我们事后过了一段时间才发觉因为有泄漏导致黄豆不结果。现在我们没有再找他们厂，希望能够做一些实事防治泄漏，而其他企业也能说到做到，尤其是在大气污染方面，等明年再来开会时不再发生类似的事故。"

居民 7："我们开发区在审核新建企业执照的时候一定要执行环保一票否决制度，不能因为领导的关照而试行开工，没有环保局的审批不能放行。"

居民 8："现在从开发区城管部门到环保部门对环境问题都很重视，在审批和规划中都注意到了环保的重要；开发区平时的噪声问题比较严重；环保工作只是起步，工作刚刚开始，要在现有的基础上继续努力。"

以上是进行的第一次环境圆桌对话会议，利益相关方了解了相关企业的实际情况和采取的行动措施以及今后的承诺，在恳谈中消除了怨气，表示对问题的解决抱有很大希望。责任相关方代表也对此次对话会明确责任、解决问题的效果给予了认可和高度评价。一年后参会各方再次召开第二次环境圆桌对话会，各方针对上次会议做出的承诺和提出的意见建议进行交流讨论，充分利用环境圆桌对话会的工作方式，更好地发挥其效用。

案例四十八　江苏省丹阳市皇塘镇环境圆桌对话案例

（一）会议基本情况

会议时间：2000 年 12 月 14 日下午 2 时 30 分

会议地点：江苏省丹阳市皇塘镇镇政府

会议主题：皇塘镇污染控制与环境保护

会议组织单位：江苏省丹阳市皇塘镇镇政府

主持人：丹阳市环保局何局长

利益相关方：丹阳市皇塘镇居民代表

责任相关方：丹阳市皇塘镇企业代表

列席人员：世界银行、江苏省环保厅、镇江市环保局、丹阳市环保局、南京大学环境学院、皇塘镇镇政府、企业代表、居民代表等

（二）社区基本情况及实施背景

皇塘镇位于长江三角洲经济繁荣的江苏省丹阳市南端，接壤常州，距沪宁高速公路和常州机场 15 公里，321 省道贯穿全境。全镇面积 45.6 平方公里，耕地 4 万亩，人口 3 万。皇塘镇经济发展情况良好，主要为精细化工、床上用品、药用玻璃、电子、食品、建材、装潢材料、冶金等八大门类。1999 年工业销售 12 亿元，出口创汇 1260 万美元。皇塘镇农民人均收入 4220 元。2001

年 1—11 月份，农业产值、工业销售产值、利税等主要经济指标都比去年同期有较大幅度的增长。随着乡镇企业的快速发展，皇塘镇也出现了一定的环境问题。本次圆桌对话就皇塘镇污染控制与环境保护的问题展开。

（三）会议实施情况和结果

主持人首先介绍会议议题、议程、背景情况和参会人员名单等。随后由皇塘镇书记介绍皇塘镇社会经济基本情况，丹阳市环保局代表介绍皇塘镇的环境现状，以及当前的主要任务和问题。之后，由责任相关方的企业代表介绍企业现阶段污染治理和保护的有关情况。在听取了上述会议代表的发言后，居民代表对企业汇报的情况进行了质询，并提出意见建议。

1. 企业代表发言

堂皇集团企业代表发言："全球康功能织物厂创建于 1994 年，属纺织行业，为集体所有制企业，主要产品为家用纺织品和保健织物产品，主要原材料为布料、化纤产品和少许染化料等。1999 年产值 2500 万元，利税 380 万元，固定资产 415 万元，职工 142 人。环境治理方面，建厂初期曾投入 20 多万元，1998 年又投入 30 多万元，进行三废的处理，特别是废水处理。1999 年上缴排污费 2.4 万元，环境治理情况良好。以后主要在保证达标的基础上，要加强培养员工的环境意识。"

丹凤集团企业代表发言："公司成立于 1994 年，属集体所有制，主要生产靛蓝粉和硫化染料。公司占地 300 余亩，员工 620 人，固定资产 1.3 亿元，1999 年工业总产值 1.1 亿元，利税 1300 万元。公司先后投入 850 万元进行废水处理，包括处理设施、技术引进等，目前设施运行正常，三废达标排放。以后环保方面主要进行废水处理设施的改进，大力培养职工的环境意识。"

金象化工厂企业代表发言："公司成立于 1994 年，主要生产离子交换树脂，主要用于废水的处理，并能回收原料。公司在环境保护方面进行了大力投入，能达标排放。"

协联热电厂企业代表发言："公司总投资 9000 万元，固定资产 7933.75 万元，企业现有职工 150 人，主要产品为电和蒸汽，主要原材料为煤炭，1999 年总产值为 3078.81 万元，利税 286.91 万元，上交政府 5 万元。公司主要水污染物为悬浮物，大气污染物为氧化硫和烟尘。总体上能达标排放，偶尔在燃烧不良或气象条件不好的情况下，会超过二级标准。公司环保设施总投资 400 多万元，1999 年三废利用产值 30 多万元，三废综合利用利润 10 多万元，交排污费 28.6 万元。近几年来，丹阳市环保局共返还排污费 20 多万元。公司以后制定三期治理目标，其中近期目标是对目前存在缺陷的除尘器进行改造，改变溢水槽结构，使水膜形成更均匀，提高除尘效率，杜绝黑烟、浓烟的排放。中期目标是改造锅炉结构，提高锅炉效率；增加沉灰池面积，使灰水在池内沉淀时间加长，保证排放废水悬浮物减少。远期目标是安装脱硫装置和电除尘装置。"

农药化工公司企业代表发言："公司创建于 1989 年，是生产、加工、合成、复配为主的农药企业。固定资产 2000 多万元，占地 50 余亩，职工 80 多人。1999 年销售总值 6000 多万元，利税 250 万元。公司主要污染物为含氰废水和丁酸废水，年排放量为 250 吨，公司投资 60 万元，安装全新的环保设施进行治理，取得了良好的效果，对周围不会造成多大影响。以后对污染的控制措施和规划：第一，公司在投资方向上着重新品的市场潜力和环保治理。尽量减少合成中间体所带来的污染。第二，公司对原有产品进行结构调整。第三，加强企业内部管理：职工环境培训；制定污水处理工艺操作规程；制定废水监测企业标准，安装废水监测仪器。"

2. 居民代表发言

居民 1："关于水质污染，看到鱼死了就能知道。以前发生过死鱼事件，现在的结果治理是没有这样的现象了，但是大气污染我们就不能肯定，虽然闻到很多种异味，但是污染的严重不严重我们想搞清楚，而且对于人体有什么毒害作用我们也很想知道。至于工厂企业，我觉得尽管他们也想处理好废气污染的问题，但是技术不够成熟；而且有些工厂在检查的时候打开处理装置，平时无人检查的时候就关闭，这是不应该的；另外，应该杜绝很多时候出现的主管单位对污染企业开后门放行的情况，对于污染严重的小型企业要加强管理，该关闭的一定要关闭。环保局收取的环保费用，应该是有重点地投入污染治理设备的建设，进行逐年累计。"

居民 2："我是农机站的，我觉得虽然污水是治理了，比以前有了很大的改进，但是在农业生产的几个重要阶段用水时可以考虑暂时关闭污水排放或者改道。丹阳现在饮用的是丹金溧槽河的水，平时还好，到了返水时期水质非常差，有些人家自己挖地下水井，水质其实也很差，但是不喝不行，不然只能消费纯净水。皇塘地区的大气污染和烟尘较重，对协联热电厂的烟尘排放应该加强控制，在处理污染事故的时候应该偏重百姓，有时污染的后果是不可逆转的，例如一块农田被污染后不可能再从事农业种植，不是赔偿就能解决问题的。另外，小的工厂污染可能更为严重，例如前一段时间洗铜的小工厂，洗下的含有大量化学物质的废水就直接排放，对水质造成了极大影响，但百姓不清楚，均去指责那些大的化工厂，所以应该多加强交流，了解工厂的所作所为。"

居民 3："皇塘镇的大气污染较严重，原来在学校必须要关窗挡住异味，但是室内灰尘仍然很大，希望有污染的工厂不要仅仅注重所谓的环保的'意义'，应该多做一些实际的工作；而政府在审批新的工厂企业的时候应该严格控制有污染的小企业，不能批的坚决不批；此外，作为一名教师，我呼吁应该加强培养小孩子们的环境意识，从小注重环境保护。"

居民 4："我是一名水产养殖业主，1993 年左右因为工厂排放污水的问题，我的损失较大，后来到了 1998 年的零点行动，水污染的控制有了一定效果，现在已经没有类似的情况发生。但是仍然应该继续加强对水污染的控制，加大污染治理的投入。"

居民 5："皇塘镇的工业企业较多，尤其是化工企业。我们刚才听了几个大型的化工厂厂长的发言，知道他们为了污染的治理还是投入了很多资金，治理情况也较好，但是对于小化工企业的管理控制则很不力。例如那些小的洗铜工厂，铜的来源并不清楚，含有各种成分复杂的化学物质，他们用甲苯等易挥发的溶剂进行洗涤，不但有气体污染，而且洗下的有各种化学成分的废水混合在一起对水质的污染特别严重。小型的化工厂也很多，勒令他们停产或者关厂，他们很容易一转眼就再开。至于有污染治理装置的工厂，虽然他们对污水和废气进行了处理，但是仍然应该控制其生产，因为对环境污染后可以治理却不可能完全复原。其他的化工厂则不能再继续增加。相对于很难控制而且污染严重的小化工厂，那些大的化工企业花费了很大的精力去搞污染处理设备，应该进行保护。另外，对于化工企业应该常常实施突击检查，预先没有通知不定期地去检查，一旦查出了问题就要严惩。"

在听取了企业代表和居民代表的发言之后，市环保局表示，皇塘镇目前的污染已经达到一定程度，镇政府在产业结构调整的时候绝对不能再引入重污染的行业；对于老的污染源也要加强治理。上了污染治理装置的企业安装监控器，实时监控装置的使用情况。另外要进行信息公开，定期将治理和污染装置公布于电台等新闻媒体，多方面保证污染治理装置的正常运转。对于无证无照的工厂一律清扫。今后的审批对禁批的绝对不批，可以批准的要当地政府和居委会共同盖章，并要求企业做出承诺。要充分利用公众的监督和鼓励，鼓励公众投诉和检举，丹阳市环保局和镇江市环保局拟对今后实事求是的举报进行奖励。

以上是进行的第一次环境圆桌对话会议，利益相关方和责任相关方代表以及环保部门负责人针对上述环境污染问题进行了交流和沟通，一年后参会各方再次召开第二次环境圆桌对话会，针对上次会议做出的承诺和提出意见建议进行讨论，通过环境圆桌对话会的方式，共同解决存在的环境问题。

案例四十九　江苏省丹阳市界牌镇环境圆桌对话案例

（一）会议基本情况

会议时间：2000 年 12 月 15 日上午 9 时 30 分

会议地点：江苏省丹阳市界牌镇镇政府

会议主题：界牌镇污染控制与环境保护

会议组织单位：江苏省丹阳市界牌镇镇政府

主持人：丹阳市环保局何局长

利益相关方：丹阳市界牌镇居民代表

责任相关方：丹阳市界牌镇企业代表

列席人员：世界银行、江苏省环保厅、镇江市环保局、丹阳市环保局、南京大学环境学院、界牌镇镇政府、企业代表、居民代表等

（二）社区基本情况及实施背景

界牌镇是丹阳市经济实力较强的乡镇，产业以灯具、汽配、机械加工、化工为主。根据现有监测资料，目前界牌镇的大气环境中 TSP 日均值为 $0.104mg/m^3$，SO_2 日均值为 $0.045mg/m^3$，NO_x 日均值为 $0.060mg/m^3$，三项指标均达到了国家《环境空气质量标准》（GB 3095—96）二级标准，其中 TSP 和 SO_2 达到国家一级标准。境内主要河流永红河、红旗河和浦河水源来自水质优良的长江水，高锰酸盐指数均符合《地表水环境质量标准》（GHZB 1—99）Ⅲ类水标准。全区环境噪声符合《城市区域环境噪声标准》（GB 3096—93）二级标准，达到了混合区的要求，固体废渣综合利用率达 90% 以上，基本实现了无害化、资源化。但是，由于经济的快速发展，界牌镇还是存在一定的环境问题。为了使企业和居民双方能够在环境污染治理和保护中达成共识，经过前期的耐心工作和与各有关单位协调，召开界牌镇第一次圆桌对话会，妥善解决存在的环境问题。

（三）会议实施情况和结果

按会议议程，主持人首先宣读了对话会议议程、背景及参会人员，并对当前界牌镇的环境现状做了短暂介绍后，会议各方代表开始发言。

1. 企业代表发言

振宇集团："振宇集团公司是一个以电镀为基础的老厂，是集体所有制企业，主要产品为挡泥板，主要原材料为铁板和镍板，1999 年总产值为 9800 万元，总利税 580 万元，上交政府 45 万元，固定资产 5600 万元，在职职工 468人，应交排污费 3.6 万元，实交排污费 3.6 万元。公司在三废治理方面，1998年投入 80 万元，修建了一个专业的污水处理站，到目前为止，公司总共投资180 万元，用于污染治理，真正做到了达标排放，无污水流出厂外。以后的工作中将打算做以下几项工作：（1）进一步加强对全体员工环境保护方面的教育，提高职工的环境保护意识。（2）明年对抛光粉尘进行改造，在现有基础上增加喷淋，使粉尘随流动水排放，减少粉尘在空气中流动，减少车间空气污染。（3）在电镀车间搞清洁生产审计，真正做到'节能、降耗、增能'，使污染从源头得到治理，减少废物、废水排放量。（4）进一步加大投资，帮助周围村镇改善生态环境，并请大家对我们监督。"

江苏冰神集团公司："江苏冰神集团公司是一个省级集团公司，隶属于机械行业，为集体所有制企业。公司主要产品为云母带、云母板和无碱玻璃布等，主要原材料为云母片、云母纸、丙酮和乙醇等。公司 1999 年总产值为 8830 万元，总利税 521 万元，上缴政府 36 万元，固定资产 6020 万元。公司在 1998 年年底到 1999 年年初由原蒸汽锅炉改建用导热油锅炉，厂内除部分机械冷却水和生活用水排放外，无有毒、有害废水排放，并对油锅炉采取了降尘措施。油锅炉和土建工程总投资近 30 万元，自制回用冷却水、水池及冷却管道等环保治理工程投资 10 万元。通过一系列治理和投入，使烟尘达标排放。近年来，均按时交纳排污费，无污染事故发生。以后的工作中将打算做以下几项工作：（1）组织车间、班组和各部门学习《安全文明生产制度》和《环境保护法》的有关章节，提高职工的环境保护意识。（2）搞好厂区卫生和环境保护工作。（3）保证油锅炉正常运行，并定时除尘，确保达标排放。（4）参与区域环境保护工作。（5）把环境保护工作纳入考核内容，并与经济挂钩。"（主持人补充：该厂的污染主要是烟尘，状况很严重，所以虽然安装了除尘器，但是仍然要加强管理。丹阳市目前的酸雨现象比较严重，今后类似的有大气烟尘污染的厂家必须上马脱硫装置。）

华城有限公司："我厂是一个小型的民营企业，生产摩托车和汽车的配件，产量和规模无法和前面的那些大厂相比较。我厂原来是一个脏乱差的企业，经过一段时间的环境保护治理，情况有所好转，希望环保部门能够给予切实可行的环保技术和设备支持。以后我厂要努力提高每个员工的环保意识，并且改善 SO_2 的污染问题。"（主持人补充：华城有限公司的效益较好，厂区周围是农户。其污染主要是烟尘，去年对此进行了改善。今后要注意解决好与周围居民的矛盾以及改善员工的工作环境。）

长虹车架厂："长虹车架厂成立于 1996 年，总投资 180 万元，以镀锌、镀镍、钴氧化和塑料镀镍为主，加工产品是各种汽车，摩托车灯具及配件，马路照明灯具和民用灯具等来料加工，主要原材料是镍板、铜板、锌板及化学辅助材料等。1999 年总产值近 150 万元，总利税近 8 万余元，职工总人数 50 余人。长虹车架厂全面认清形势，一直以来都很重视环境保护工作，1998 年年初就投资 25 万元，进行环保设施、环境治理工程。厂里的生活污水经过处理后达标排放，并制定了专门的岗位责任制。由于设施完善，管理有力，对周围居民没有影响。对未来的污染控制计划与措施，首先是要在思想上高度重视，措施有力，落到实处，就必须做到以下几点：（1）通过教育和学习，全面提高全厂的干部、职工的环境保护意识。（2）领导重视，责任到人，奖惩分明，保证设备运行正常，减少漏、滴，保证所有废水处理后达标排放。（3）严格控制全厂用水，选用和改进新工艺，尽量使用污染少的工艺，减少成本，提高处理效率。"（主持人补充：此厂的规模很大，是一个村办企业，生产的污水排放入长江，所以不影响当地人的环境。今后类似于车架厂的电镀企业一定要达标，否则环保局将坚决地实行关、停措施，而新上马的电镀项目不再批准。所以该厂以后一定要改革工艺，改变人工操作的现状。）

大华阳集团："江苏大华阳集团成立于 1996 年，现有资产 4600 万元，主要从事染料中间体、医学中间体和汽车灯具颜料的生产。集团现有职工 420 名，1999 年工业总产值 1.4 亿元，企业为村办集体企业。由于集团生产染料中间体，污染较大，所以企业一直以来都比较重视环境保护工作。1998 年就利用世界银行贷款 21 万美元，环保基金 60 万元，自筹资金 200 万元，总投资近 400 万元，实施污染治理工程。建成投入运行后，效果良好。以后的工作及打算：（1）减少污染总量，加大治理手段，全面提高职工的环境意识。（2）企业虽然在污水治理上有很大的投入，但也存在着很大的不足，2001 年计划更进一步进行环境改造和污染治理。"（主持人补充：这是一个大型企业，花费 400 多万元搞了污水处理装置，效果较为稳定。今后要搞 ISO 14000 的认证，因为产品想从发展中国家出口到发达国家这是必要的条件，否则就不能出口。另外，该厂的污水直排入长江，对长江的污染很大，要加强污水处理，保证出水达标，环保局将和扬中等周围县市联系，监测该厂的排放状况。粉尘对人体有危害，该厂要采取除尘措施，保证员工的身体健康。）

2. 居民代表发言

居民1（人大主席）："各位领导，各位专家，刚才听了各位的介绍和汇报，我感觉到企业和政府对环保还是很重视的，效果较好，像大华阳集团花了500多万元搞了污水处理。现在经济发展，人民的生活水平提高了，对环保的要求越来越高，希望今后各企业的职工能够加强对环保文件和法律法规的学习，提高环保意识，为子孙后代造福，总的来说，环保的状况主要取决于环保的意识。就我个人而言呢，也有些想法，我们这个镇的大气污染较重，各厂一定要牺牲一些目前的暂时利益，为长远的优良环境努力，例如关掉一些小烟囱等。"

居民2："环保对人类的发展至关重要，我镇的环保工作应该进一步加强。我听了几个企业的发言，觉得无论从思想、行动还是控制对策上都下了一定的功夫。环保不是一朝一夕的事情，作为企业要加强环保的意识。"

针对圆桌对话会上居民代表发言不积极的现象，作者本人谈了自己的看法："我想大家不踊跃发言是因为以前这样类似的会议组织得很少。而对于5个厂也没有什么建议和看法，主要因为：一是5个厂本身做得好；二是这些厂还是有一定地位的，中国人本身不敢当面说人的坏话；三是因为有世界银行和环保局的人在场，所以不愿意发言。"之后，作者本人简要介绍了会议的背景以及总的会议情况。

最后，界牌镇王书记也说出了自己的想法："我作为全镇主管环保的书记，谈一点看法。今年我镇发展较快，总产值有30亿元，对环境建设抓得也较好，1998年被命名为首批江苏省新型发展小城镇。我们现在已将环境放在与经济同步甚至更重要的位置上。相对于过去这是很大的进步，下面我谈一下自己的看法：（1）环保意识要进一步加强。各厂虽然有污染，对污染也采取了控制措施，均达到了长江和太湖排放的要求和标准，但是居民的环境意识仍要加强，以后再也不能为了经济而牺牲环境。（2）近两年各厂对环保治理有了一定投入，但是可以获得长远的经济效益，例如大华阳集团就深有体会，因为外商看中的就是他们的污水处理装置。（3）全乡镇的环保投入机制不健全，例如为了改善全镇的饮用水质，我镇自筹400多万元建了水厂，对于经济发展和环境保护以及人民身体健康都有好处，但是没有足够的资金支持很难继续维系，污水处理装置也是一样。我们现在缺乏的就是好的投资渠道和途径。（4）国家对我们也很看重，在我们这里举行污染控制报告会，以后希望能在环保方面得到世界银行和上级环保局的更多帮助。"

本次环境圆桌对话会是要创造一种环境，政府、企业、居民、专家坐在一起交流，让企业所做的努力以及环境现状暴露出来，能够实现相互的理解和沟通，最终齐心协力解决环境问题。

附录 2：
部分文件、会场照片和媒体报道

（一）部分文件
1. 江苏省丹阳市文件

丹阳市人民政府文件

丹政发 [2002] 137 号

关于施行"工业企业污染控制报告会制度"的通知

各镇人民政府、练湖农场、开发区管委会、市各有关单位：

由世界银行、国家环保总局、南京大学和我市联合推行的"工业企业污染控制报告会制度"在我市皇塘等6镇1区经过两年多的试点，已经取得了一定的经验，中央电视台《东方时空》栏目进行了专题时空连线报道，给予了充分肯定。两年多来的实践证明，"工业企业污染控制报告会制度"是完善环境管理制度的一项创新，是建立政府、企业、环境管理部门三者之间伙伴合作关系，通过直接对话和相互协商，共同探讨和解决企业乃至地区环境和发展问题，缓解和消除

社会矛盾发生的平台；是拓宽政府在环境管理中的职能，强化政府在公众参与中的组织和协调作用的重要手段。现将此项制度在全市推广试行，望你们按要求认真组织实施。

附：关于实施推广工业企业污染控制报告会制度的工作方案

丹阳市人民政府
二〇〇二年十一月六日

抄送：市委办、人大办、政协办

关于实施推广工业企业
污染控制报告会制度的工作方案

为深入探索适应新形势下控制污染需要的新型环境管理制度和途径，在世界银行发展研究部的指导下，南京大学环境学院和我市环保局研究和探索出了乡镇工业企业污染控制报告会制度。这项制度是施行信息控制手段、开展公众参与的一种形式，其目的就是使得相关利益的公众、企业及当地政府取得相互了解，获取一个良好的沟通渠道，从而促进企业自觉进行污染控制。

经过两年来的研究和试点，我市和南京大学环境学院已经总结和建立了一套适合乡镇(开发区)工业企业污染控制报告会的工作程序和工作方法，同时在皇塘、界牌、新桥、横塘、云阳、开发区等镇（区）试点过程中积累了宝贵的工作经验。目前，已具备了在我市全面试行乡镇（开发区)工业企业污染控制报告会的理论依据和技术支持等多方面综合条件。

市环保局根据南京大学和省环保厅的要求和建议，特制订如下工作方案：

一、目的意义

污染控制报告会是指在一定的行政区域内，组织该区内的污染企业、公众和政府主管部门定期举行面对面的会议，由污染企业就环境行为和改善措施在会议上进行汇报，讨论区内一切与环境管理相关的事务，达成共同接受的协议（非契约性质，如企业就改善环境行为对公众所做的承诺)并监督协议执行的情况，促进污染者改善

3

2. 江苏省盐城市阜宁县文件

阜宁县人民政府办公室文件

阜政办发[2002]55号

县政府办公室转发县环委会《关于实施推广乡镇
（开发区）污染控制报告会制度的工作方案》的通知

各乡、镇人民政府，开发区管委会，县各有关委、办、局，县各
有关直属单位：

县环委会《关于实施推广乡镇（开发区）污染控制报告会制度
的工作方案》已经县政府同意，现转发给你们，希认真贯彻执行。

二〇〇二年八月十二日

（二）会场照片

1. 江苏省镇江市丹阳市图片

丹阳市界牌镇工业企业污染控制报告会（2000 年 12 月 15 日）

丹阳市经济开发区工业企业污染控制座谈会（2000 年 12 月 15 日）

丹阳市横塘镇企业污染控制报告会（2001 年 10 月 30 日）

丹阳市云阳镇企业污染控制报告会（2001 年 10 月 30 日）

丹阳市后巷镇工业企业污染控制报告会（2001 年 10 月 31 日）

丹阳市新桥镇企业污染控制报告会（2001 年 10 月 31 日）

2. 江苏省盐城市阜宁县图片

阜宁县陈良镇环境污染控制报告会（2001 年 12 月 12 日）

3. 江苏省镇江市京口区华润新村环境圆桌对话实施情况

社区负责人参加培训

镇江市京口区华润新村社区意见征集

镇江市京口区华润新村社区圆桌对话会议现场

镇江市京口区华润新村社区协议签署

镇江市京口区华润新村社区环境圆桌对话第二次会议（整治落实情况）

镇江市军红长鱼汤面馆油烟、噪音整改协议

利益相关方：华润新村社区居民代表

责任相关方：镇江市军红长鱼汤面馆、镇江市环保局京口分局

通过这次圆桌对话的形式，在遵守环保法律、法规基础上，本着公开、公正、透明的原则，三方进行对话交流，并通过直接对话和相互协商，共同探讨解决长期困扰居民的环境问题，现达成协议如下：

一、自本协议生效日起镇江市军红长鱼汤面馆停止经营龙虾。

二、在 2007 年 11 月底前镇江市军红长鱼汤面馆将煤改气。

三、自本协议生效日起一周内镇江市军红长鱼汤面馆将建设独立的下水管道并进入城市管网。

四、自本协议生效日起 20 日内镇江市军红长鱼汤面馆将长鱼加工成半成品（长鱼丝）后再进入小区面馆。

五、自本协议生效日起镇江市军红长鱼汤面馆将不再占道经营，并减少噪音。

六、自本协议生效日起镇江市军红长鱼汤面馆将空调移至东晒墙外。

七、本协议一式四份，利益相关方和责任相关方各存一份，华润新村社区居委会留存一份。

八、本协议自双方签字之日起即生效。

利益相关方代表签字：

2007年9月6日

责任相关方代表签字：

7年9月6日

责任相关方代表签字：

07年9月6日

镇江市京口区华润新村社区圆桌对话协议正文

整治落实后现场（1）

整治落实后现场（2）

（三）媒体报道

1.《镇江日报》相关报道

2.《南山夜话》相关报道

3.《京江晚报》相关报道

4.《新华日报》相关报道

5.《中国环境报》相关报道

6.《邯郸晚报》相关报道

附录3：
社区对话调查数据统计

第一部分：背景问题

1. 您一共参加过几次对话会议？

次数	1	2	3	4	5	6	7	共计
人数	150	22	4	4	1	0	1	182
占比	82.4%	12.1%	2.2%	2.2%	0.5%	0.0%	0.5%	100%

2. 您是以什么身份参加对话的？

身份	对话组织者或主持人	政府代表	企业代表	社区居民代表	非政府机构代表	媒体代表	其他	共计
人数	19	29	20	98	14	8	11	199
占比	9.5%	14.6%	10.0%	49.2%	7.0%	4.0%	5.5%	100%

3. 参加对话之前，您相信对话可以解决问题吗？

态度	很相信	较相信	不相信	因为工作需要参加，没有特别想法	其他	共计
人数	46	104	26	13	0	189
占比	24.3%	55.0%	13.8%	6.9%	0.0%	100%

4. 您参加的对话讨论了什么问题？（可多选）

问题	企业污染	供水问题	河道治理	社区垃圾	社区绿化	其他	共计
人数	106	5	35	84	60	45	189
占比	56.1%	2.6%	18.5%	44.4%	31.7%	23.8%	100%

5. 这个问题需要解决的迫切程度如何？

程度	非常迫切	一般迫切	不太迫切	不清楚	共计
人数	146	33	6	1	186
占比	78.5%	17.7%	3.2%	0.5%	100%

6. 您理想中这个问题的解决方式是什么？（可多选）

方式	政府进一步加强治理，从严执法	政府投资建设	相关企业投资建设	居民自己采取行动	其他	共计
人数	98	62	60	18	9	187
占比	52.4%	33.2%	32.1%	9.6%	4.8%	100%

7. 这个问题一直没有得到解决最主要是谁的责任？（可多选）

责任主体	社会整体	居民	政府	企业	其他	共计
人数	51	30	92	57	7	174
占比	29.3%	17.2%	52.9%	32.8%	4.0%	100%

第二部分：会议制度

第一节　会前准备

1. 您参加的对话会议中，准备工作如何？

充分的会前通知时间	很好	较好	一般	较差	很差	不知道	共计
人数	86	67	27	3	0	1	184
占比	46.7%	36.4%	14.7%	1.6%	0.0%	0.5%	100%

背景材料公开	很好	较好	一般	较差	很差	不知道	共计
人数	81	57	22	12	0	3	175
占比	46.3%	32.6%	12.6%	6.9%	0.0%	1.7%	100%

场地选择	很好	较好	一般	较差	很差	不知道	共计
人数	84	60	31	1	0	1	177
占比	47.5%	33.9%	17.5%	0.6%	0.0%	0.6%	100%

代表选取	很好	较好	一般	较差	很差	不知道	共计
人数	85	56	32	2	0	1	176
占比	48.3%	31.8%	18.2%	1.1%	0.0%	0.6%	100%

主持人选取	很好	较好	一般	较差	很差	不知道	共计
人数	90	55	14	2	0	12	173
占比	52.0%	31.8%	8.1%	1.2%	0.0%	6.9%	100%

对话中权利和义务的告知	很好	较好	一般	较差	很差	不知道	共计
人数	80	57	25	11	0	0	173
占比	46.2%	32.9%	14.5%	6.4%	0.0%	0.0%	100%

会前代表培训	很好	较好	一般	较差	很差	不知道	共计
人数	47	61	21	10	1	31	171
占比	27.5%	35.7%	12.3%	5.8%	0.6%	18.1%	100%

2. 您认为会前怎样发布信息最好？（可多选）

方式	集中培训	通过公告栏发布信息	通过电子邮件与互联网媒体发布信息	通过报纸和邮寄书面材料发布信息	其他	共计
人数	56	123	23	44	2	186
占比	30.1%	66.1%	12.4%	23.7%	1.1%	100%

3. 您认为怎样选取居民代表最理想？（可多选）

方式	自愿报名+抽签	自愿报名+按地区指定	自愿报名+平衡选取	组织者挑选或委任	所有报名者都应能参加对话	其他	共计
人数	16	84	71	14	6	0	185
占比	8.6%	45.4%	38.4%	7.6%	3.2%	0.0%	100%

第二节　会议形式

1.您参加的会议开了多长时间？（可多选）

时长	少于 1 小时	1—2 小时	2—3 小时	3—4 小时	长于 4 小时	共计
人数	45	80	64	0	0	189
占比	23.8%	42.3%	33.9%	0.0%	0.0%	100%

2.您认为会议各部分时间分配合适吗？

议题背景介绍	应增加	正好	应减少	共计
人数	16	148	13	177
占比	9.0%	83.6%	7.3%	100%

政府介绍政策和执行情况	应增加	正好	应减少	共计
人数	37	124	14	175
占比	21.1%	70.9%	8.0%	100%

企业介绍相关措施	应增加	正好	应减少	共计
人数	51	115	3	169
占比	30.2%	68.0%	1.8%	100%

居民代表发言	应增加	正好	应减少	共计
人数	42	109	24	175
占比	24.0%	62.3%	13.7%	100%

政府 / 企业 / 居民互相问答	应增加	正好	应减少	共计
人数	59	113	2	174
占比	33.9%	64.9%	1.1%	100%

其他代表发言（媒体、志愿者协会、非政府组织）	应增加	正好	应减少	共计
人数	26	117	26	169
占比	15.4%	69.2%	15.4%	100%

3. 您认为参加会议各方代表的人数多少比较合适？

政府代表	1—5	5—10	10—15	15 以上	共计
人数	74	20	0	0	94
占比	78.7%	21.3%	0.0%	0.0%	100%

企业代表	1—5	5—10	10—15	15 以上	共计
人数	71	16	6	0	93
占比	76.3%	17.2%	6.5%	0.0%	100%

居民代表	1—5	5—10	10—15	15 以上	共计
人数	54	21	5	14	94
占比	57.4%	22.3%	5.3%	14.9%	100%

4. 您参加的对话中，发言顺序是怎样的？

顺序	政府—企业—居民	政府—居民—企业	企业—居民—政府	企业—政府—居民	居民—政府—企业	居民—企业—政府	没有固定顺序，居民、政府和企业都是自由发言	不清楚	共计
人数	73	45	12	2	11	32	11	0	186
占比	39.2%	24.2%	6.5%	1.1%	5.9%	17.2%	5.9%	0.0%	100%

5. 您认为由什么人担任会议主持人最理想？（可多选）

主持人	社区领导	中立的民间团体人士	媒体代表	主管环境部门代表	人大代表	政协委员	其他	共计
人数	80	49	9	45	12	7	2	190
占比	42.1%	25.8%	4.7%	23.7%	6.3%	3.7%	1.1%	100%

第三节　会议进程

1. 您认为会议对应该解决的问题讨论得充分吗？

程度	非常充分	比较充分	不太充分	完全没有实质的讨论	不知道	共计
人数	45	97	26	9	3	180
占比	25.0%	53.9%	14.4%	5.0%	1.7%	100%

2. 您认为哪些会议讨论内容最有用？（可多选）

讨论内容	议题背景介绍	政府代表政策及其执行情况	企业代表介绍企业情况	居民代表提问题	政府／企业／居民互相问答	其他	共计
人数	23	63	24	62	79	0	176
占比	13.1%	35.8%	13.6%	35.2%	44.9%	0.0%	100%

3. 您认为哪些会议讨论内容最没有用？（可多选）

讨论内容	议题背景介绍	政府代表政策及其执行情况	企业代表介绍企业情况	居民代表提问题	政府／企业／居民互相问答	其他	共计
人数	45	42	50	9	13	6	161
占比	28.0%	26.1%	31.1%	5.6%	8.1%	3.7%	100%

4. 您在会议中发了几次言？

次数	0	1	2	3	4	5	共计
人数	17	58	12	2	1	1	91
占比	18.7%	63.7%	13.2%	2.2%	1.1%	1.1%	100%

5. 您在会议上发言和得到反馈的情况如何？

发表与反馈	充分表达想法，得到反馈	表达了一些想法，得到反馈	表达了一些想法，但没反馈	完全没有机会表达想法	其实我参加会议并没特别想说的	其他	共计
人数	11	45	21	1	0	1	79
占比	13.9%	57.0%	26.6%	1.3%	0.0%	1.3%	100%

6. 是什么因素鼓励您发言的？（可多选）

发言因素	组织安排，我必须代表组织发言	会前决定发言	其他代表公开的态度使我觉得他们愿意交流	主持人带动活跃气氛鼓励了我发言	其他代表的发言令人失望，不得不发表意见	其他	共计
人数	17	52	30	23	4	5	93
占比	18.3%	55.9%	32.3%	24.7%	4.3%	5.4%	100%

7. 您没有发言或者表达想法不充分的原因是什么？（可多选）

原因	会前准备不足	会议时间不足	觉得说了也没有，不如不说	主题与我无太大关系	其他	共计
人数	26	44	17	7	6	94
占比	27.7%	46.8%	18.1%	7.4%	6.4%	100%

第三部分：会议信息交流

A. 政府代表回答

1. 参加对话后，您对以下问题的了解情况如何？

所讨论的问题	更清楚	没有改变	更不清楚	不知道	共计
人数	29	4	0	0	33
占比	87.9%	12.1%	0.0%	0.0%	100%

企业相关措施	更清楚	没有改变	更不清楚	不知道	共计
人数	26	5	0	1	32
占比	81.3%	15.6%	0.0%	3.1%	100%

居民所受影响和态度	更清楚	没有改变	更不清楚	不知道	共计
人数	25	6	0	1	32
占比	78.1%	18.8%	0.0%	3.1%	100%

污染状况和对生活的影响	更清楚	没有改变	更不清楚	不知道	共计
人数	22	5	0	0	27
占比	81.5%	18.5%	0.0%	0.0%	100%

2. 参加对话后，您认为各方代表之间的信任有什么改变？

政府对居民的信任	增加	没变	减少	不知道	共计
人数	25	8	0	0	33
占比	75.8%	24.2%	0.0%	0.0%	100%

政府对企业的信任	增加	没变	减少	不知道	共计
人数	26	5	0	1	32
占比	81.3%	15.6%	0.0%	3.1%	100%

3. 您认为对话制度对政府在以下方面的工作影响怎样？

政府工作透明度	促进	阻碍	都有	没影响	不知道	共计
人数	30	1	0	1	1	33
占比	90.9%	3.0%	0.0%	3.0%	3.0%	100%

更好的政策宣传	促进	阻碍	都有	没影响	不知道	共计
人数	30	1	1	1	0	33
占比	90.9%	3.0%	3.0%	3.0%	0.0%	100%

更好的政策设计	促进	阻碍	都有	没影响	不知道	共计
人数	24	0	2	6	0	32
占比	75.0%	0.0%	6.3%	18.8%	0.0%	100%

政府与企业合作	促进	阻碍	都有	没影响	不知道	共计
人数	23	0	3	1	0	27
占比	85.2%	0.0%	11.1%	3.7%	0.0%	100%

政府与市民合作	促进	阻碍	都有	没影响	不知道	共计
人数	27	0	3	1	0	31
占比	87.1%	0.0%	9.7%	3.2%	0.0%	100%

媒体与政府互动	促进	阻碍	都有	没影响	不知道	共计
人数	28	0	2	1	1	32
占比	87.5%	0.0%	6.3%	3.1%	3.1%	100%

4. 您认为开展对话后政府工作的难度是增加还是减少了?

工作难度	难度大大减少	难度相对减少	难度没有改变	难度相对加大	难度大大加大	不知道	共计
人数	4	16	6	6	1	0	33
占比	12.1%	48.5%	18.2%	18.2%	3.0%	0.0%	100%

5. 您认为对话的开展对政府工作开支有什么影响?

影响	增加政府开支	没有影响	减低政府开支	其他	共计
人数	6	27	0	0	33
占比	18.2%	81.8%	0.0%	0.0%	100%

B. 企业代表回答

1. 参加对话后, 您对以下问题的了解情况如何?

所讨论的问题	更清楚	没有改变	更不清楚	不知道	共计
人数	19	0	0	0	19
占比	100.0%	0.0%	0.0%	0.0%	100%

政府政策	更清楚	没有改变	更不清楚	不知道	共计
人数	18	1	0	0	19
占比	94.7%	5.3%	0.0%	0.0%	100%

居民所受影响和态度	更清楚	没有改变	更不清楚	不知道	共计
人数	18	1	0	0	19
占比	94.7%	5.3%	0.0%	0.0%	100%

污染状况和对生活的影响	更清楚	没有改变	更不清楚	不知道	共计
人数	20	1	0	0	21
占比	95.2%	4.8%	0.0%	0.0%	100%

2. 参加对话后，您认为各方代表之间的信任有什么变化？

企业对政府的信任	增加	没变	减少	不知道	共计
人数	19	1	0	1	21
占比	90.5%	4.8%	0.0%	4.8%	100%

企业对居民的信任	增加	没变	减少	不知道	共计
人数	17	1	0	1	19
占比	89.5%	5.3%	0.0%	5.3%	100%

3. 您认为对话制度对贵企业在以下方面的工作影响怎样？

建立良好的企业形象	促进	阻碍	都有	没影响	不知道	共计
人数	20	0	0	1	0	21
占比	95.2%	0.0%	0.0%	4.8%	0.0%	100%

企业与政府的合作	促进	阻碍	都有	没影响	不知道	共计
人数	17	1	0	1	0	19
占比	89.5%	5.3%	0.0%	5.3%	0.0%	100%

企业与市民的合作	促进	阻碍	都有	没影响	不知道	共计
人数	18	0	0	1	0	19
占比	94.7%	0.0%	0.0%	5.3%	0.0%	100%

媒体与企业互动	促进	阻碍	都有	没影响	不知道	共计
人数	18	0	0	1	0	19
占比	94.7%	0.0%	0.0%	5.3%	0.0%	100%

4. 您所在的企业有没有按照会议协议履行责任或义务？

履行程度	完全按照协议履行	部分按照协议履行	没有按照协议履行	共计
人数	9	8	0	17
占比	52.9%	47.1%	0.0%	100%

5. 您所在企业没有全面履行会议协议的原因是什么？（可多选）

原因	成本过高	政府不能积极配合	社区居民不能积极配合	企业领导仍重视不够	会议协议不现实	其他	共计
人数	13	7	5	5	0	0	14
占比	92.9%	50.0%	35.7%	35.7%	0.0%	0.0%	100%

C. 居民代表回答

1. 参加对话后，您对以下问题的了解程度如何？

所讨论的问题	更清楚	没有改变	更不清楚	不知道	共计
人数	97	12	0	0	109
占比	89.0%	11.0%	0.0%	0.0%	100%

政府政策	更清楚	没有改变	更不清楚	不知道	共计
人数	85	18	0	0	103
占比	82.5%	17.5%	0.0%	0.0%	100%

企业相关措施	更清楚	没有改变	更不清楚	不知道	共计
人数	70	25	0	2	97
占比	72.2%	25.8%	0.0%	2.1%	100%

居民所受影响	更清楚	没有改变	更不清楚	不知道	共计
人数	79	24	0	2	105
占比	75.2%	22.9%	0.0%	1.9%	100%

污染状况和对生活的影响	更清楚	没有改变	更不清楚	不知道	共计
人数	77	20	0	2	99
占比	77.8%	20.2%	0.0%	2.0%	100%

2. 参加对话后，您认为各方代表之间的信任有什么改变？

居民对政府的信任	增加	没变	减少	不知道	共计
人数	70	37	1	4	112
占比	62.5%	33.0%	0.9%	3.6%	100%

居民对企业的信任	增加	没变	减少	不知道	共计
人数	51	45	4	5	105
占比	48.6%	42.9%	3.8%	4.8%	100%

3. 您认为对话制度对居民以下方面的认识有何作用？

参与社会管理意识	促进	阻碍	都有	没影响	不知道	共计
人数	99	0	9	7	1	116
占比	85.3%	0.0%	7.8%	6.0%	0.9%	100%

关注政府工作意识	促进	阻碍	都有	没影响	不知道	共计
人数	89	0	10	7	1	107
占比	83.2%	0.0%	9.3%	6.5%	0.9%	100%

对企业的配合	促进	阻碍	都有	没影响	不知道	共计
人数	58	2	12	11	15	98
占比	59.2%	2.0%	12.2%	11.2%	15.3%	100%

对政府的配合	促进	阻碍	都有	没影响	不知道	共计
人数	66	2	10	10	15	103
占比	64.1%	1.9%	9.7%	9.7%	14.6%	100%

主动保障自身权利	促进	阻碍	都有	没影响	不知道	共计
人数	73	1	8	15	2	99
占比	73.7%	1.0%	8.1%	15.2%	2.0%	100%

第四部分：会议效果评估

第一节　会议总体情况

1.您认为会后宣传工作做得怎么样?

政府的宣传	很好	较好	一般	较差	很差	共计
人数	75	50	30	16	1	172
占比	43.6%	29.1%	17.4%	9.3%	0.6%	100%

企业的宣传	很好	较好	一般	较差	很差	共计
人数	37	59	38	28	3	165
占比	22.4%	35.8%	23.0%	17.0%	1.8%	100%

社区的宣传	很好	较好	一般	较差	很差	共计
人数	101	62	13	1	1	178
占比	56.7%	34.8%	7.3%	0.6%	0.6%	100%

媒体的宣传	很好	较好	一般	较差	很差	共计
人数	84	60	22	3	1	170
占比	49.4%	35.3%	12.9%	1.8%	0.6%	100%

2.您对您所参加的对话会议的整体评价是什么?

评价	非常好	比较好	一般	比较差	非常差	其他	共计
人数	59	94	22	3	1	0	179
占比	33.0%	52.5%	12.3%	1.7%	0.6%	0.0%	100%

第二节　会议协议和执行

1. 在您参加的会议中，最后的协议是怎样达成的？（可多选）

方式	居民提出，政府决定	居民提出，企业决定	企业提出，居民决定	企业提出，政府决定	政府提出，居民决定	政府提出，企业决定	由主持人总结协议，大家接受	没有达成实质的协议	不知道怎么达成的，但是有协议	共计
人数	52	23	4	4	7	11	59	20	2	179
占比	29.1%	12.8%	2.2%	2.2%	3.9%	6.1%	33.0%	11.2%	1.1%	100%

2. 您对会议各方达成的协议满意吗？

满意程度	非常满意	比较满意	预料之中，没有感觉	比较不满意	很不满意	没有协议	共计
人数	35	102	19	6	1	14	177
占比	19.8%	57.6%	10.7%	3.4%	0.6%	7.9%	100%

3. 据您所知，会议上达成协议的执行情况如何？

执行情况	超出协议范围履行	完全按照协议履行	基本按照承诺履行	执行和协议有偏差	基本没有按照协议履行	其他	共计
人数	2	39	85	23	8	3	160
占比	1.3%	24.4%	53.1%	14.4%	5.0%	1.9%	100%

4. 您认为怎样确保会议协议得到执行？（可多选）

确保协议得到执行方式	赋予会议协议法律效力，使之成为强制性协议	由上级政府监督实施	定期进行实施情况阶段性报告，完全公开实施情况	给予市民充分的监督和报告权，让市民督促承诺实施	由媒体监督	其他	共计
人数	38	121	87	124	69	0	177
占比	21.5%	68.4%	49.2%	70.1%	39.0%	0.0%	100%

第三节　会议各方表现评价

1. 您认为主持人的表现如何？

态度中立，不偏帮任何一方代表	很好	较好	一般	较差	很差	不知道	共计
人数	105	42	29	0	0	1	177
占比	59.3%	23.7%	16.4%	0.0%	0.0%	0.6%	100%

按照流程进行会议	很好	较好	一般	较差	很差	不知道	共计
人数	103	45	28	0	0	1	177
占比	58.2%	25.4%	15.8%	0.0%	0.0%	0.6%	100%

调解会议气氛	很好	较好	一般	较差	很差	不知道	共计
人数	83	61	29	0	0	1	174
占比	47.7%	35.1%	16.7%	0.0%	0.0%	0.6%	100%

整体评价	很好	较好	一般	较差	很差	不知道	共计
人数	77	65	30	0	0	1	173
占比	44.5%	37.6%	17.3%	0.0%	0.0%	0.6%	100%

2. 您认为组织者的表现如何？

会前宣传和代表培训	很好	较好	一般	较差	很差	不知道	共计
人数	74	64	32	5	0	6	181
占比	40.9%	35.4%	17.7%	2.8%	0.0%	3.3%	100%

联系政府，协助代表选取	很好	较好	一般	较差	很差	不知道	共计
人数	77	63	24	0	0	9	173
占比	44.5%	36.4%	13.9%	0.0%	0.0%	5.2%	100%

联系企业，协助代表选取	很好	较好	一般	较差	很差	不知道	共计
人数	66	58	38	0	0	9	171
占比	38.6%	33.9%	22.2%	0.0%	0.0%	5.3%	100%

联系居民，进行代表选取	很好	较好	一般	较差	很差	不知道	共计
人数	88	59	30	0	0	1	178
占比	49.4%	33.1%	16.9%	0.0%	0.0%	0.6%	100%

联系场地等会务工作	很好	较好	一般	较差	很差	不知道	共计
人数	82	53	31	0	0	6	172
占比	47.7%	30.8%	18.0%	0.0%	0.0%	3.5%	100%

整体评价	很好	较好	一般	较差	很差	不知道	共计
人数	78	57	38	0	0	1	174
占比	44.8%	32.8%	21.8%	0.0%	0.0%	0.6%	100%

3. 您认为政府代表的表现如何？

认真对待群众的意见	很好	较好	一般	较差	很差	不知道	共计
人数	74	72	30	3	0	1	180
占比	41.1%	40.0%	16.7%	1.7%	0.0%	0.6%	100%

认真对待企业的意见	很好	较好	一般	较差	很差	不知道	共计
人数	60	76	25	1	0	8	170
占比	35.3%	44.7%	14.7%	0.6%	0.0%	4.7%	100%

配合主持方开展工作	很好	较好	一般	较差	很差	不知道	共计
人数	77	62	25	8	0	1	173
占比	44.5%	35.8%	14.5%	4.6%	0.0%	0.6%	100%

会上态度	很好	较好	一般	较差	很差	不知道	共计
人数	66	82	20	2	0	1	171
占比	38.6%	48.0%	11.7%	1.2%	0.0%	0.6%	100%

整体评价	很好	较好	一般	较差	很差	不知道	共计
人数	63	77	29	1	0	1	171
占比	36.8%	45.0%	17.0%	0.6%	0.0%	0.6%	100%

4. 您认为企业代表的表现如何？

配合会议组织单位	很好	较好	一般	较差	很差	不知道	共计
人数	53	73	29	18	0	1	174
占比	30.5%	42.0%	16.7%	10.3%	0.0%	0.6%	100%

会上态度	很好	较好	一般	较差	很差	不知道	共计
人数	49	72	47	1	0	1	170
占比	28.8%	42.4%	27.6%	0.6%	0.0%	0.6%	100%

响应政府的意见	很好	较好	一般	较差	很差	不知道	共计
人数	50	70	35	4	0	14	173
占比	28.9%	40.5%	20.2%	2.3%	0.0%	8.1%	100%

响应居民的意见	很好	较好	一般	较差	很差	不知道	共计
人数	55	59	35	6	1	14	170
占比	32.4%	34.7%	20.6%	3.5%	0.6%	8.2%	100%

整体评价	很好	较好	一般	较差	很差	不知道	共计
人数	57	61	37	11	0	3	169
占比	33.7%	36.1%	21.9%	6.5%	0.0%	1.8%	100%

5. 您认为居民代表的表现如何？

积极发言	很好	较好	一般	较差	很差	不知道	共计
人数	109	59	10	0	0	1	179
占比	60.9%	33.0%	5.6%	0.0%	0.0%	0.6%	100%

理性务实	很好	较好	一般	较差	很差	不知道	共计
人数	85	54	27	4	0	1	171
占比	49.7%	31.6%	15.8%	2.3%	0.0%	0.6%	100%

对公共管理的理解	很好	较好	一般	较差	很差	不知道	共计
人数	72	58	24	15	0	2	171
占比	42.1%	33.9%	14.0%	8.8%	0.0%	1.2%	100%

对企业管理的理解	很好	较好	一般	较差	很差	不知道	共计
人数	63	31	29	15	0	4	142
占比	44.4%	21.8%	20.4%	10.6%	0.0%	2.8%	100%

对所讨论的问题的理解和态度	很好	较好	一般	较差	很差	不知道	共计
人数	79	58	30	3	0	1	171
占比	46.2%	33.9%	17.5%	1.8%	0.0%	0.6%	100%

整体评价	很好	较好	一般	较差	很差	不知道	共计
人数	86	52	30	0	0	1	169
占比	50.9%	30.8%	17.8%	0.0%	0.0%	0.6%	100%

第四节　会议存在的问题

会前准备不充分	很严重	较严重	一般	较轻微	没问题	不知道	共计
人数	0	6	29	15	71	6	127
占比	0.0%	4.7%	22.8%	11.8%	55.9%	4.7%	100%

议题不好，没有代表性	很严重	较严重	一般	较轻微	没问题	不知道	共计
人数	0	2	24	6	88	4	124
占比	0.0%	1.6%	19.4%	4.8%	71.0%	3.2%	100%

讨论跑题，话题不集中	很严重	较严重	一般	较轻微	没问题	不知道	共计
人数	1	4	25	6	90	1	127
占比	0.8%	3.1%	19.7%	4.7%	70.9%	0.8%	100%

组织者组织能力不足	很严重	较严重	一般	较轻微	没问题	不知道	共计
人数	3	3	19	9	87	1	122
占比	2.5%	2.5%	15.6%	7.4%	71.3%	0.8%	100%

政府有的部门没有代表参加，问题难解决	很严重	较严重	一般	较轻微	没问题	不知道	共计
人数	3	19	19	12	63	4	120
占比	2.5%	15.8%	15.8%	10.0%	52.5%	3.3%	100%

参加会议的企业缺乏代表性	很严重	较严重	一般	较轻微	没问题	不知道	共计
人数	0	11	29	9	63	7	119
占比	0.0%	9.2%	24.4%	7.6%	52.9%	5.9%	100%

居民缺乏相关基础知识，环境意识不足	很严重	较严重	一般	较轻微	没问题	不知道	共计
人数	4	9	29	13	67	1	123
占比	3.3%	7.3%	23.6%	10.6%	54.5%	0.8%	100%

政府代表参与积极性不高	很严重	较严重	一般	较轻微	没问题	不知道	共计
人数	1	7	24	8	63	15	118
占比	0.8%	5.9%	20.3%	6.8%	53.4%	12.7%	100%

企业代表参与积极性不高	很严重	较严重	一般	较轻微	没问题	不知道	共计
人数	0	26	27	9	51	7	120
占比	0.0%	21.7%	22.5%	7.5%	42.5%	5.8%	100%

居民代表参与积极性不高	很严重	较严重	一般	较轻微	没问题	不知道	共计
人数	0	5	28	6	79	1	119
占比	0.0%	4.2%	23.5%	5.0%	66.4%	0.8%	100%

其他代表参与积极性不高	很严重	较严重	一般	较轻微	没问题	不知道	共计
人数	4	5	29	10	54	15	117
占比	3.4%	4.3%	24.8%	8.5%	46.2%	12.8%	100%

对话各方缺乏信任	很严重	较严重	一般	较轻微	没问题	不知道	共计
人数	2	17	36	10	52	2	119
占比	1.7%	14.3%	30.3%	8.4%	43.7%	1.7%	100%

对话是"面子工程"，走程序，没有实质内容	很严重	较严重	一般	较轻微	没问题	不知道	共计
人数	8	14	19	8	60	10	119
占比	6.7%	11.8%	16.0%	6.7%	50.4%	8.4%	100%

第五部分：对话制度的推广

1. 以后再次发生类似的问题，您会建议使用对话方式解决吗？

对方方式选择	一定会	可能会	不会	其他	共计
人数	103	73	12	0	188
占比	54.8%	38.8%	6.4%	0.0%	100%

2. 您认为对话制度有可能在中国全面推广和开展吗？

对话制度推广	一定会	在大部分地区会	只有一小部分地区会	一定不会	其他	共计
人数	66	85	30	6	0	187
占比	35.3%	45.5%	16.0%	3.2%	0.0%	100%

3. 您认为推广对话制度最大的障碍是什么？（可多选）

障碍	经费问题	居民的环境意识和参与意识	政府的态度	企业的态度	其他	共计
人数	70	51	77	69	0	185
占比	37.8%	27.6%	41.6%	37.3%	0.0%	100%

4. 您认为对话制度最大的优势是什么？（可多选）

优势	促进各方的相互理解	促进各方的相互信任	解决问题	操作简单	成本较低	其他	共计
人数	67	131	63	29	20	0	187
占比	35.8%	70.1%	33.7%	15.5%	10.7%	0.0%	100%

第六部分：受访者情况

第一节　环境意识

1. 您对当地环境问题的认识和理解主要来自于什么？（可多选）

途径	自身的体会	政府宣传	媒体宣传	专业学习	没有特别的认识	共计
人数	138	82	89	28	4	182
占比	75.8%	45.1%	48.9%	15.4%	2.2%	100%

2. 您觉得哪些信息来源最可靠？（可多选）

信息来源	自身的体会和感觉	朋友或家人说的话	政府公开的资料	企业公开的信息	高校或专业研究机构的报告	媒体的报道或互联网的信息	没有特别信任的信息来源	共计
人数	113	25	66	19	15	61	2	181
占比	62.4%	13.8%	36.5%	10.5%	8.3%	33.7%	1.1%	100%

3. 您认为当地政府的环境保护宣传到位吗？（可多选）

宣传程度	内容和形式都很让人满意	内容充实，但是形式单一	形式多样，但内容空泛	内容和形式都不能让人满意	没有留意	共计
人数	81	43	48	28	12	178
占比	45.5%	24.2%	27.0%	15.7%	6.7%	100%

4. 您最希望得到哪方面的环境信息？（可多选）

环境信息	污染物的特性和对健康的影响	企业的排污情况和治污情况	政府在治污方面的政策和执行情况	政府在环保方面的经费收支情况	市民可以为减轻环境问题做的事情	共计
人数	130	74	85	18	48	177
占比	73.4%	41.8%	48.0%	10.2%	27.1%	100%

5. 您参加过环境保护活动吗？

参加情况	经常参加	偶尔参加	一直没有机会	共计
人数	74	69	37	180
占比	41.1%	38.3%	20.6%	100%

6. 您曾向有关机构反映过环境问题吗？（可多选）

反映情况	向社区管理人员反映	向污染源工厂反映	向当地政府反映	向上级政府反映	向法院提起诉讼	没有反映过	没有遇到过环境问题	共计
人数	107	19	99	32	1	24	3	177
占比	60.5%	10.7%	55.9%	18.1%	0.6%	13.6%	1.7%	100%

第二节　个人基本信息

1. 所在城市

城市	重庆	天津	内蒙古	沈阳	北京	共计
人数	68	44	50	28	2	192
占比	35.4%	22.9%	26.0%	14.6%	1.0%	100%

2. 性别

性别	男	女	共计
人数	96	93	189
占比	50.8%	49.2%	100%

3. 年龄层次

年龄	20 岁以下	20—30 岁	30—35 岁	35—40 岁	40—50 岁	50 岁及以上	共计
人数	0	22	32	23	68	47	192
占比	0.0%	11.5%	16.7%	12.0%	35.4%	24.5%	100%

4. 教育程度

教育程度	初中或以下	高中	大专	大学本科	硕士研究生	博士研究生或以上	共计
人数	23	52	69	41	6	1	192
占比	12.0%	27.1%	35.9%	21.4%	3.1%	0.5%	100%

5. 职业

职业	政府官员	企业主管	工人	农民	教师	服务行业	其他行业	共计
人数	50	14	20	8	13	31	48	184
占比	27.2%	7.6%	10.9%	4.3%	7.1%	16.8%	26.1%	100%

6. 月收入

收入情况	200 元以下	200—500 元	500—1000 元	1000—2000 元	2000—3000 元	3000—4000 元	4000 元及以上	共计
人数	8	18	49	73	23	10	4	185
占比	4.3%	9.7%	26.5%	39.5%	12.4%	5.4%	2.2%	100%